U0542405

一年顶十年

CONQUER TODAY

个人财富
与影响力升级指南

剽悍一只猫 著

自序

2014年8月的一个深夜，我躲在被子里痛哭。一边哭，一边问自己：我这辈子就这样了吗？

那时候，我只是一名默默无闻的中学英语补课老师，住在月租1200元的老房子里，经济状况很糟糕。

2014年9月，在银行卡里只有9000多元的情况下，我花了5000元参加培训班，开始走出自己的小圈子。

2015年3月，我开始加入各种互联网学习社群，陆续认识了很多优秀的朋友，看到了很多新的可能。

2015年11月，攒了差不多10万元的我开始遍访名师，探索自己的全新未来。

2015年12月，我注册了自己的微信公众号——剽悍一只猫。

2016年5月，我的微信公众号有了10万读者，这给了我很大的底气。很快，我离开待了六年的城市，来到了上海。

此后，我一路高歌猛进，不断升级。截至2019年12月31日：

- 我累计见了数百位各领域的牛人。
- 我的微信公众号矩阵有100多万读者。
- 我主编的音频节目"剽悍晨读"在"喜马拉雅"有3300多万播放量。
- 我在"一块听听"有11万+付费听众，在该平台排名第一。
- 我在"果壳"旗下的"饭团"有12万+订阅用户，在该平台排名第一。
- 我在"有讲"有18万+听众，在该平台排名第一。

- 我在"樊登课堂"有11万+付费听众,单场音频分享销售额突破百万。
- 我转型成为社群商业战略专家,并被"樊登读书"聘为首席社群顾问。

我的故事就讲到这里,咱们来聊聊你手上的这本书。

由于我这几年持续"成事",在财富、影响力等方面实现了"一年顶十年"式的升级,越来越多的读者朋友希望我写一本成长方法论书籍,以帮助更多人突破自我。另外,我深知出书对于自己来说,意味着更多可能性,是必做的事情。

于是,在做了大量的调研和梳理工作之后,2019年8月底,我开始写这本《一年顶十年:个人财富与影响力升级指南》。

我先是用一个月左右的时间写完初稿,然后,在接下来的三个月时间里,带领团队将稿子打磨了近30遍。

交稿的那一刻,我热泪盈眶。我对自己说:终于搞定了,这本书一定能影响和帮助很多很多人。

关于这本书,我还想对你说五句话:

1. 这本书是我最近几年的"学习+践行+教学"精华笔记,内容都是实战性极强的成长方法论。
2. 请务必将它读完,然后,挑一些方法,结合自身实际,好好去践行。
3. 很多人表示,这本书非常适合作为销售型团队的培训教材,它可以很好地帮助团队成员提升综合竞争力。
4. 如果你通过践行本书所述的方法,取得了好成绩,请一定要告诉我。我的微博是@剽悍一只猫。
5. 如果你觉得这本书特别有用,欢迎将它推荐给你最在乎的人。

2019年12月31日于上海

打基础

- 009 　时间　如何让你的时间投资卓有成效？
- 023 　状态　如何成为一个更在状态的狠人？
- 039 　情商　如何既取悦自己又让别人舒服？
- 053 　学霸　如何加速成为某个领域的高手？
- 067 　读书　如何将读过的书转化为生产力？
- 083 　写作　如何成为一名很圈粉的写作者？
- 097 　讲课　如何成为一名很吸金的好老师？
- 113 　牛人　如何通过持续见牛人突破自己？

大升级

127	贵人	如何让自己拥有超好的贵人运?
143	团队	如何打造极有战斗力的小团队?
159	社群	如何打造极有商业价值的社群?
175	销售	如何让你的销售能力大幅提升?
191	品牌	如何让你的个人品牌越来越贵?
205	冠军	如何运用冠军战略吸引好机会?
221	赚钱	如何有效提高自己的赚钱水平?
235	写书	如何让写书这件事变得更容易?
249	终极	财富与影响力升级的十大心法
268	后记	

写给能成事的你

让自己变得更好
是解决一切问题的关键

打基础

时间

如何让你的时间投资卓有成效?

如何定义你的时间

时间就是你的命。

一旦你对此坚信不疑,那么在花时间这件事上,你就会变得非常慎重。

要想更好地升级,你必须成为一名合格的"时间投资人",你需要认真思考,认真选择,想尽办法将大部分时间投资到高价值的人和事上。

如果长期坚持这样的原则,你的时间投资回报会非常丰厚。

如果你是一个对时间花费很不敏感、很不明智的人,你会浪费大量的时间,很难做到持续升级。

从今天开始,你不仅要理财,更要理时间。

认真做好时间投资,而不是随随便便就把它花出去。

记住,时间就是你的命。

记住,你必须成为一名合格的"时间投资人"。

共勉。

为何要给时间定价

最近几年，我一直在给自己的时间定价。

从最初的几百元一小时，到现在的三万元一小时。

这样做，一方面，可以让我更加重视自己的时间；另一方面，可以帮我"拦人"，避免一些人随随便便就来找我。

毕竟，没什么门槛的交往，效率往往不高，很难产生价值。

如果有人愿意付费来见我，我并不是直接收钱，而是会认真审核，确定对方是合适的人之后，我才会收费并提供超值的服务。

为何劝你强势一点

以前,我是个老好人,很不好意思拒绝别人的请求,常常会参加一些可有可无的聚会,做一些吃力不讨好的事情。

后来,我忙起来了,觉得时间越来越不够用。

于是,我开始刻意训练自己的"强势"。

这个"强势",指的是该拒绝时果断拒绝。

当面对别人的请求时,我会想这件事是不是我该做的。如果不是,我就会第一时间拒绝。

一开始,我会很内疚,会觉得对不住别人。

但拒绝多了之后,我的脸皮厚了许多,也就觉得没什么了。

久而久之,大家习惯了我的这种"强势",很少有人会随便来找我。

我因此节省了大量时间,过得比以前从容很多。

你知道高效时间吗

每个人都有属于自己的高效时间。

我们在自己的高效时间里做事,效率更高,更容易有产出。

以我自己为例,我的工作效率在上午很一般,下午还行,晚上最高。以前我经常大晚上出去吃夜宵,有时候还会叫上一群人吃上两三个小时。这个习惯很不好,不仅对身体不好,也浪费了大量的高效时间。

最近两年,我很少这样做了,而是选择用晚上的高效时间来做高价值的事情。

我的绝大多数文章是在晚上写出来的,我的很多方案也是在晚上想出来的。我利用晚上的高效时间创造了极大的价值。

看,多明智!

很多人不明白这个道理,常常用自己的高效时间去做一些没什么价值的事情,真是太可惜了。

如何做到少混日子

混日子,是一件再容易不过的事。

我们很容易在不知不觉中把时间给浪费了。

只有少数人,能够较为高效地活着,收获颇丰。

怎样才能做到少混日子、多有产出呢?

有一点非常重要,那就是加大你的反省密度。

如果你能在一天之内多反省几次,就可以及时调整自己的行为和状态,让自己迅速改进。

一旦养成了勤反省的习惯,你会活得更认真,进步更快。

当然,一开始你可能很容易会忘记"要反省"这件事,怎么办呢?

我给你两条建议:

(一)你可以在手机上定几个闹钟,时间一到,手机就会提醒你该反省啦。

(二)你可以做一张"反省海报",上面写着"大侠,该反省啦"(内容可以自己定),然后将其设置为手机壁纸。

以上建议仅供参考。只要你想做,相信你总能想到适合自己的办法。

如何拥有更多时间

每个人的时间都是有限的。

但我们可以想办法让自己的时间变多。

最有效的办法就是付费请人帮我们做事。

我组建了团队,把很多事情交给他们去做,不必事事亲力亲为。

很多时候,如果我想了解一个陌生的细分领域,我会尽快找到这个领域靠得住的行家,给他付费,向他请教。这样可以让我少走很多弯路。

我不会做PPT,但如果需要,我可以花钱请朋友做一套。

我不会开车,但这没关系,我可以打车出行。就拿2019年来说,我的打车里程累计有一万多公里。在车上,我处理了很多事情,还能好好休息。

……

付费请别人做事,是拥有更多时间的绝佳办法。

时间更少为何更好

我们经常会给自己定截止时间,但很容易拖到临近截止时间才开始行动。

往往截止时间过了,我们也没有把事做完。

我曾经当过英语补课老师,带过一些自控力比较弱的学生。很多时候,我给他们布置作业,如果让他们一周后再交,他们很可能在截止时间到来前才匆匆写完作业,有的甚至什么都没有写。但是,如果我告诉他们,下课后认真完成作业才能回家,他们就真的可以在一两个小时内把作业写完,而且作业质量还不错。

想想真是好笑,给他们一周,不如只给他们一两个小时。

事实上,除了少数必须要花很多时间才能做好的事情外,对于一般的事情,真没必要给自己留太多时间,完全可以把截止时间提前,甚至大大提前。

你会发现,原来很多事情推进起来真的可以很快。

为什么我劝你别贪

每年元旦,我们都会看到很多人晒新年愿望。

有的人会写一份很长的清单,上面列了很多项目。

学写作、学演讲、学游泳、学烘焙、学日语、学画画、考驾照、考注册会计师、考托福、考潜水证、考MBA、读100本书、减肥、跑步、练马甲线……

看起来特别带劲,特别美好。

可实际上,在一年时间里,我们真正能做好的事情,并没有多少。

如果我们很贪心,想要同时做很多事情,很可能什么也做不好,什么也得不到。

但如果我们变得更为专注一些,反而更有可能如愿。

我以前是个很贪的人,总是想着在一年内搞定很多事情,结果却是一次又一次的失望。

当我认清现实,变得更为专注,发现确实更容易出成绩,失望的次数也就少了很多。

何谓时间投资评估

要想更好地提升自己的时间投资能力，我们应该每天对当日的时间投资进行评估，即回顾并分析当日的时间花费情况，看看哪些是合理花费，哪些是不合理花费。

做这件事，其实就是回答五个问题：

（一）今天都做了什么？

（二）所做的事情分别有什么产出？

（三）做这些事情，分别花了多少时间？

（四）哪些事情是应该做的，哪些事情是不应该做的？

（五）在时间花费上，还有哪些方面需要改进？

强烈建议你把这五个问题打印出来，贴在床头，每天睡前花几分钟做一次时间投资评估。

还有哪些注意事项

（一）我们每天都有大量的碎片化时间，这些时间千万不能浪费。你要保持警惕，一定要想办法把它利用起来，不然它很快就溜走了。

（二）做一件事情之前，要问自己一个问题：我为什么要做？长期这样问自己，你会少做很多不该做的事情，从而节省大量时间。

（三）多结交一些高效能人士，跟他们近距离接触、交流、学习，这对提升你的时间投资能力很有帮助。

（四）"强者征服今天，懦夫哀叹昨天，懒汉坐等明天。"这是我非常喜欢的一句话，放在这里，与你共勉。

> 有关时间

时间就是你的命

扫描二维码,关注公众号
输入"时间",获取神秘锦囊

我 的 践 行 清 单 · notes

引かれる

状态

如何成为一个更在状态的狠人？

你想成为怎样的人

我经常对自己说一句话:"你是干大事的人。"

偷懒的时候,对自己说一句:"你是干大事的人。"

嫉妒的时候,对自己说一句:"你是干大事的人。"

贪心的时候,对自己说一句:"你是干大事的人。"

恐惧的时候,对自己说一句:"你是干大事的人。"

浮躁的时候,对自己说一句:"你是干大事的人。"

自卑的时候,对自己说一句:"你是干大事的人。"

这句话,其实是在提醒我,对自己的期待和要求不能低。同时也是在强化信念,给自己鼓劲加油。

如果你认为自己注定是平庸之辈,那么,你的内心很难强大起来。

如果你想成为强者,你现在就可以向强者靠近,并以强者的标准要求自己,像强者一样活着。

你应该远离哪些人

我们经常接触的人,对我们的影响是极大的。

该靠近的靠近,该远离的一定要想办法远离。

在这里重点列出四种需要我们远离的人:

(一)总是打击你的人。这种人打击你,往往不是因为你做得不好,而是有其他目的,比如为了让自己显得更优越。如果你跟这种人走得很近,你会怀疑人生的。

(二)见不得别人好的人。跟这种人做朋友,你若变得更好了,他岂不是会很难受?说不定还会在背地里给你使坏。

(三)不思进取、混日子的人。他都混日子了,你也要跟着一起混吗?

(四)过度消耗你的人。他们有事没事就来消耗你,却极少帮助你。这种人,简直就是你成长路上的大敌啊!

我会常备哪些法宝

状态不好、情绪不佳时，我会用一些法宝来调整自己。

比如，读能给我带来力量的书籍。我家里有三千多本书，不同的书有不同的功能，在我情绪不佳的时候，我知道该读什么书来增强自己内心的力量。

比如，看能给我带来力量的视频。可能是一些颇为励志的演讲视频，也可能是一些经典的励志电影，像《阿甘正传》《肖申克的救赎》。

比如，听能给我带来力量的音乐。我手机上的音乐 App 里有专门的提神歌单，戴上耳机听听这些音乐，对我来说很有效果。

墙上挂字有什么用

这几年,我有一个习惯:在墙上挂字。

这些字,可以用来提醒自己,同时帮助自己调整心态和行为。

刚毕业时,我觉得自己的气度不够,容易跟人计较一些不该计较的事情。

于是,我联系了一个老乡,请她帮我找人写了一幅字,上面写着:气度。

拿到这幅字以后,我把它挂在房间里非常显眼的位置,每天要看好多次。

它不断提醒我:要有气度,不要轻易与人计较。

时间一久,我就真的变得不容易跟人计较了。

2016年5月,我来到上海,手上没有什么钱,住在一个20多平方米的小房间里。那时候,我正在努力做微信公众号,为了让自己的动力更足,我在床对面的书架上贴了一张纸,上面写着:粉丝50万。

每天醒来,我就能看到这个目标。

经过持续的奋战,四个月后,目标实现了。

随着影响力的升级,我有了一些新的收入,于是,决定改善居住环境。

2016年10月,我搬家了。这次多了一个房间,总面积40多平方

米,我终于有独立的书房了!

为了让自己能够保持良好的奋斗状态,我在书桌旁的墙上贴了一张纸,这张纸上的内容是稻盛和夫的六项精进:

(一)付出不亚于任何人的努力

(二)要谦虚,不要骄傲

(三)要每天反省

(四)活着,就要感谢

(五)积善行、思利他

(六)不要有感性的烦恼

那时候,我每天都会对照着这六条给自己打分,奋斗状态保持得很不错。

2017年7月,我搬进了一套90多平方米的房子,除了能满足基本的居住需求外,还可以好好"安置"我的所有藏书。

后来,随着事情越来越多,我变得越来越焦虑。于是,我又请一位朋友帮我弄了一幅字,上面写着:今天。

用来提醒我自己:不要把时间浪费在焦虑上,要把注意力放在今天。好好过,认真活。

时间一久,我的心态确实好了很多。

为什么要经常独处

很多时候,我们忙于工作,忙于生活,忙于社交,忙于照顾别人,却唯独没有跟自己好好相处。

其实,在我看来,不管多忙,我们都应该给自己预留独处的时间。

独处不是什么都不做,独处的时候,你需要好好思考,好好反省,好好跟自己对话。

除了每天的例行独处,我有时候还会去郊区住几天,远离社交,就自己一个人待着。

独处,不仅能让我们更好地了解自己,让我们想得更清楚,还能帮我们恢复能量,让我们有更好的状态去迎接挑战。

好好独处,你将很难迷失自己,你的工作和生活质量也会高很多。

为什么劝你别太闲

很多人不理解,为什么有些人年纪很大了却还要管这管那,一点都不嫌累。

很多人不理解,为什么有些人明明已经很有钱了,却还要工作,并且非常卖力。

其实,有事做,是人类的刚需。

不管你是年少还是年老,不管你是有钱还是没钱,都需要找到事情做。

人如果太闲了,容易胡思乱想,容易颓废,容易不在状态。

我近几年的不良情绪比以往要少很多,有一个很大的原因就是,日子过得太充实了!

社群分享、给人提供咨询、外出学习这三件事情,就已经占了我大量的时间,哪里有什么时间胡思乱想。

你有交心的朋友吗

给大家讲个故事吧。

2014年5月,我的状态非常差,经常失眠,吃饭也没什么胃口,对很多事情都提不起兴趣,意志很消沉。

某一天,合租的朋友看到我的状态很不好,就劝我出去走走。

我觉得很有道理。

于是,我当天晚上就飞到西宁,第二天到了德令哈。

在这一次临时决定的旅行中,我一共见了三个好兄弟,他们都是能交心的朋友。

还别说,跟这些人畅聊之后,我的心情好了很多,食欲很快就上来了。

有很多次,都是这些朋友把我从很不好的状态中拉出来,让我能够更好地前行。

人都有难受的时候,与其自己一个人煎熬,不如找靠得住的朋友聊几句,或许,状态就会很不一样了。

为什么要帮助别人

有人问,长时间情绪低落,找不到自我价值感怎么办?

我说,去做你觉得很有意义的事。

那什么是有意义的事?

帮助别人,就是很有意义的事啊。

不要质疑帮助他人的重要性。

一些内心能量不足的人,往往能通过给别人提供帮助,让自己的内心变得更阳光,从而拥有更好的状态。

我也有这样的经历。

刚开始写公众号那会儿,我收到了很多读者的反馈,不少人说我的文章很有用,能给人很大的力量。这让我倍感振奋。

后来,越来越多的人给我发来感谢,我的自我价值感也因此变得越来越强。

为什么要好好赚钱

我特别佩服一位老师,他在面临很多我觉得特别恐怖的困难时,都能做到特别淡定,而且状态保持得非常好。

我问他:"老师,你的内心为什么这么强大?"

他说:"因为我有钱。"

刚听到这个回答的时候,我还愣了一下,很快,就有了醍醐灌顶之感。

是啊!

某种意义上,钱能帮我们解决很多问题,让我们活得更有安全感。

写到这里,我想起了大学时父亲给我发的一条短信。

我很清楚地记得里面的四个字:

"钱是人胆。"

现在想想,确实太有道理了。

缺钱,少的是底气。

缺钱,多的是烦恼。

一分钱难倒英雄汉。如果我们不好好赚钱,很多小事会变成大事,我们也会面临更多麻烦。

虽然说钱不是万能的,但如果有了钱,你就会发现,曾经的很多烦心事,真的不是事了。

还有哪些注意事项

（一）多和积极乐观的人交往，你的幸福指数会高很多。

（二）至少培养一项爱好，做自己真正热爱的事情，你会感到很快乐。

（三）我发现，唱歌可以很好地释放压力，有时候压力太大，跑到KTV里吼几首歌，心里会舒服很多。

（四）多读历史，多读一些命运比较坎坷的名人的传记，你会发现，自己遇到的很多"艰难困苦"，真的只是小事。

（五）水要喝够，觉要睡足，饭要吃好，还要多运动，这是好状态的基础。

（六）偶尔可以去医院走走，你会更加珍惜现在的生活。

（七）请谨慎选择你的伴侣，因为他（她）对你的影响实在是太大了。

有关状态

你是干大事的人

扫描二维码,关注公众号
输入"状态",获取神秘锦囊

我的践行清单·notes

情商

如何既取悦自己又让别人舒服?

为什么别做讨好者

讨好者，会特别在意别人的感受，总是想办法去讨好别人。

刚进大学的时候，我就是这样，直到有一次，有个关系不错的同学告诉我，班上某位同学说我过分热情。

当我听到这一"好评"时，先是不解，然后是郁闷。

我好心好意付出，怎么就成过分热情了？

经过认真反思之后，我发现，自己的做法确实有问题。

我太想和大家搞好关系了，于是，就很努力地去给别人提供帮助。

但我并没有考虑别人是否需要，也不懂"关系没到位时别凑太近"的道理。

还好，我"及时悔改"，不再当一个过分热情的讨好者，大大降低了自己的"讨好欲"，在绝大多数情况下，能做到"该出手时才出手"。

其实，如果你是用"讨"的姿态去对别人好，别人并不会觉得你有多好，你也得不到想要的尊重和珍惜，更得不到真正的友谊。

关系，不讨，才能真好。

为什么要明确规矩

我们不仅要给自己立规矩,也要对外立规矩。

之前,由于我没有养成事先明确规矩的习惯,与人见面时,遇到过多次不太好的情况。

每次都是在对方"冒犯"我之后,我才指出对方"违规"了,经常让场面变得非常尴尬。

最近两年,见陌生人前,我会把自己的一些规矩发给对方。如果对方觉得没问题,那就见。

当然,我的规矩肯定不会影响对方的利益,只是明确我有哪些"见面禁忌"。

由于提前跟别人讲清楚了我的规矩,一般情况下,大家都是聊得很愉快的,很少再出现之前的尴尬场面。

为什么可以发脾气

你可能见过这么一句话:"上等人有本事没脾气,中等人有本事有脾气,下等人没本事有脾气。"

如果你发脾气,说不定还会有人用这句话来提醒你,看,上等人是没脾气的,所以你不能发脾气。

胡说。

这是典型的对人要求过高。

我们都只是人而已,怎么可能不发脾气,如果一直憋着,不得把自己憋坏了。

如果你从不发脾气,不管别人对你怎么样,你都客客气气,甚至低声下气。别人会觉得你很没原则,会觉得你好欺负。

在我看来,适当的时候发脾气,是很有好处的。比如,可以让他人意识到事情的严重性。

有一次,团队里有个小伙伴犯了一个非常严重的错误,并且态度还很不好,我当时特别生气,当着大家的面大发雷霆,非常明确地指出问题,并强调了我的立场。

自那以后,这位小伙伴就再没有犯过类似的错误,做事比以前稳多了。

为什么我们要"诉苦"

有些人过得不错,还非常喜欢分享自己的美好生活。跟谁聊天都喜欢讲自己过得有多"甜",有多么幸福快乐。

有人说,这样做不是挺好的嘛,传播正能量。

其实不然。

比如,你跟一群老同学聚会,在场的所有人里,你是混得最好的,比他们好太多。

几杯啤酒下肚,你开始大谈自己有多成功,有多顺利,有多开心。

你想想,大家心里会是什么感受?

你是不是觉得大家会为你过得特别好而感到高兴?

事实上,绝大多数人做不到。

等待你的,更多的是嫉妒,甚至是恨。

在一些场合,与其讲自己人生的各种"甜",倒不如适当地诉诉"苦"。

这样做,可以让大家的内心更平衡一些,避免很多不必要的麻烦。

有苦有甜,有好有坏,有起有伏,人生本就如此。

为什么群发须谨慎

人嘛,都觉得自己是不一样的,都希望自己能被重视。

在收信息的时候,也是如此。

比如说,你在过年的时候给亲友们群发祝福。

本来,收到祝福应该是一件令人高兴的事,但有些人一看你的祝福是群发的,很可能会觉得,你对他们不够重视。

再比如说,你向别人求助,一般人就算要拒绝你,也会想想该怎么拒绝。

但如果你的求助信息是群发的,有些人可能就会想:反正你找了很多人,我不帮你,也没什么。

甚至还有人会想:你既然来"求"我,为什么不能单独给我好好发一条信息,群发太没诚意了,你不尊重我,我就不帮你。

总之,发信息时,你要想办法让人感到被重视,这样效果才会更好。

为什么要背后夸人

情商高的人,不仅会当面夸人,更会在背后夸人。

因为背后夸人的效果要比当面夸人好太多。

为什么?

一方面,你在跟人聊天的时候夸其他人,跟你聊天的人很可能会觉得你是一个善于发现他人优点,并愿意为他人宣传好口碑的人。

当然啦,有些情况是应该避免的,比如,你在伴侣面前夸前任有多好,那你就等着被收拾吧。

另一方面,你在背后夸人,如果被夸的人知道了,往往会非常高兴,对你好感倍增。

为什么要严守秘密

嘴严,是一种美德。

如果人们知道你是个嘴不严的人,他们会防着你。

如果你被人防着,你怎么可能跟别人处好关系?

我讲两个故事。

(一)

有个朋友,一开始跟我关系还不错。我们经常聊天,每次见面都能聊很久。但后来我发现,他喜欢和人"分享"我跟他说的话,甚至包括我觉得属于隐私级别的内容。

再后来,我每次跟他说话都会很小心,再也不敢像以前那样"敞开心扉"了。慢慢地,我们联系越来越少,关系也淡了很多。

(二)

还有一个朋友,他跟我很熟,有时候,有些人会从他那里打听一些关于我的消息,如果涉及隐私,他会建议对方直接去找本人问。

不仅如此,如果有人说我坏话,他还会直接告诉别人:猫不是这种人。

就是这么干脆漂亮,哈哈哈哈哈。

不该说的坚决不说,而且还会维护我的名声。

这样的朋友,真是难得!

如何更好地讲道理

以前，为了改变别人的想法，我总喜欢一上来就反驳，然后不断讲道理。

但是，我发现这样做效果并不好，很容易将对话变成"辩论赛"，到最后谁也说服不了谁。

要想说服别人，前提是要让人愿意听你讲。如果你让别人感觉到你在反驳他，对方很容易有抵触心理，很难愉快地跟你聊天。

还有，直接讲道理的效果，远不如用故事讲道理。

你可以跟对方说，你想要给他分享一个故事。这个故事本身就蕴含了你想要讲的道理。等故事讲完了，也许他就明白你要讲什么了。

为什么要让别人赚

如果你总是让别人赚到,那你赚的也不会少。

试想,你若是经常让人有吃亏的感觉,你再怎么会说话,再怎么使用各种所谓的高情商技巧,也没几个人愿意跟你做朋友。

但要是你让别人感觉赚到了,甚至是赚大了,哪怕你嘴笨笨的,情商不是很高,别人也会愿意跟你打交道。

我认识一位朋友,平时基本不说漂亮话,但他总会用行动去给别人提供支持,让别人得到好处。

所以,一旦他需要帮助,就会有很多很多人给他提供支持,他的影响力也因此越来越大。

人都是趋利避害的,你能利他,他就靠近你,如果你不能利他,甚至是害他(让人亏就是一种害),他会避开你。

还有哪些注意事项

（一）如果你实力很强，对别人很有价值，就算你情商不是很高，也照样会宾客盈门。

（二）把话说得漂亮，不算厉害，如果还能把事情做得漂亮，那才是真的厉害。

（三）情商高的人，不仅能让别人舒服，还能让自己舒服。很多人会忽略后面这一点，这是很不合理的。

（四）情商高的人，有一个重要特征：他们容易获得别人的信任，并能长期对得起这份信任。

（五）你不可能被所有人喜欢，如果你不认可这一点，那你会活得特别累。要知道，就算是钱，也有人骂它是万恶之源啊。

（六）多接触一些情商高的人，感受他们的一言一行，你会学到很多。

（七）如果自己做错了，最好的方式是及时道歉，弥补损失。道歉并不丢人，有错不认才丢人。

有关情商

情商高的人，
不仅会当面夸人，
更会在背后夸人。

扫描二维码，关注公众号
输入"情商"，获取神秘锦囊

我的践行清单·notes

学霸

如何加速成为某个领域的高手?

为何要做观念建设

观念影响行为，行为影响结果。

观念若是不对，你很难会有特别好的学习效果。

我们要想在某个领域成为高手，首先要做好观念建设。

什么意思呢？

就是要让自己的脑子里多一些这个领域的正确观念，这样你才能更好地行动。

很多人容易忽视这一点，上来就猛打猛冲，瞎使劲，导致不断走弯路，不断受挫。

很多人信奉"行动第一"，觉得只要做了，总比没做好。

但别忘了，观念建设也是行动，而且是最重要的行动之一。如果你要进入一个新的领域，请务必记住这一点。

切莫当一个盲目的行动者。

为什么要重视需求

需求是最好的老师。

这句话对我影响特别大。

以前,我学过不少东西,但大都以失败而告终,有的甚至刚刚开始就放弃了。

其实大部分情况下,我都没有考虑过自己到底有没有这方面的需求,需求是否强烈。觉得自己想学,很快就去学了,然后很容易就没有然后了。

但如果我对所学的东西有强烈的需求,效果就很不一样了。

比如,我做中学英语补课老师的时候,为了把课讲好,我反复观看中学英语名师的讲课视频,学习他们是如何讲课的。另外,我还专门花了很长的时间去学演讲。

由于我学的东西,都是我需要的,而且很快就能被用到工作中,所以我的教学能力得到了很大提升。

为什么要尽早实战

有些人学东西，会等自我感觉很好的时候，才去实战。

其实，这样很容易导致一个结果——效率太低。

有了一定的基础（再次强调：观念建设很重要），应该尽早去实战，这样的话，你会更清楚实际的需求，并能及时调整学习策略，从而加速提升自己的实战能力。

举个例子，很多人学英语，背了很多单词，积累了很多句式，坚持很多年之后，某一天突然遇到外国人，一对话，蒙了，发现聊天还是很艰难啊。

而有些人稍微有了一点词汇量，掌握了一些基本句式，就开始找机会去用，不断去跟外国人对话。哪怕一开始很难受，聊得很别扭，但由于进入了真实的对话环境，有了真实的反馈，只要坚持几个月，英语对话能力就会有明显提升。

尽早进入实战，并不是急于求成，而是让自己在行动中得到反馈，让自己学得更好，更能解决实际问题。

为什么要掏空自己

我这几年进步挺快的,有一个习惯帮了我大忙。

那就是及时掏空自己。

什么意思呢?

我通过学习和实践,脑子里会不断增加新的储备,比如一些好用的方法、点子。我不会把它们"束之高阁",而是会尽快把它们"派发"出去。

我一年要写上百篇文章,要做大大小小上百场分享。由于经常把自己"掏空",我会持续处于"饥渴"状态,学习的欲望非常强烈,学习的效果确实好很多。

为什么要去买经验

我们进入一个新的领域,如果只靠自己摸索,很可能事倍功半,甚至会举步维艰。

新手对知识和信息往往没有什么判断力,如果只是自己在网上搜来搜去,效率是非常低的,而且容易被误导。

有些时候,单靠自己折腾,会让事情变得更复杂,要是找到对的人,买他们的经验,事情则会变得简单很多。

千万不要只是埋头苦学。买经验,是必须做的事情,这样可以少走很多弯路,加速自己的进步。

为什么要报贵的班

对于爱学习的人来说,报班学习是一件很正常的事。

我个人倾向于报贵一些的班。

为什么呢?

(一)贵的班,课程质量往往会更高,而且,由于支付了更多的钱,我对课程会更加重视。

(二)在贵的班里,我更容易遇到高质量的老师和同学。出来学习,结交优秀的人,也是非常重要的。

(三)在贵的班里,我还可以好好研究别人为什么能这么贵,学习别人的运营方式。

一些人会报很多便宜的班,看起来很爱学习,学习量也确实很大,但效果未必就有多好。要知道,我们去学习,是去升级自己的头脑和圈子,如果随随便便就去学,不追求质量,那是对自己极大的不负责。

如何面对各种错误

在学习的过程中,我们会犯很多错误。

如何面对这些错误,是很多人心中的困惑。

关于这一点,我给大家分享五个心得:

(一)在成长的路上,犯错是不可避免的,如果你追求的是不犯错,那么,你真的没有办法学好。

(二)你要告诉自己,问题就是机会,你应该做的不是因错误而消沉,不是因错误而停滞不前,而是分析错误,并从中学到东西。

(三)如果因为犯错而被批评、被鄙视,你就当是有人在催你成功,切莫因此产生太多负能量,阻碍了自己前进的脚步。

(四)如果犯错了,请记住,错了就是错了,你要做的不是纠结和狡辩,而是想办法去弥补过失,并让自己变得更强,成为真正的高手。

(五)有一个好的导师或者教练很重要,他能帮你发现错误、纠正错误,给你靠谱的建议。

何谓集中突破训练

我们不仅要将学习日常化,偶尔还要给自己搞集中突破训练,这样可以让自己突破得更快。

怎么操作?

我讲讲我的做法:

一段时间内,密集见某个领域的高手,不断探讨某些话题。

一段时间内,只读某个领域的书,提炼出对自己特别有用的内容。

一段时间内,把某个内容反反复复研究很多遍,不断挖掘出有价值的东西。

一段时间内,每天都会做同一件事,专门训练自己在某方面的能力。

比如,我在当英语补课老师的时候,为了提升自己的口语和听力,买了一本英语书,里面的每一篇文章都配有音频,所有音频加起来总时长近三个小时。那时我要求自己每天至少听一遍,有时候还会做跟读练习,而且,我会刻意让自己不看书里的文章。听了三十多遍后,我竟然完全听懂了,我的发音也得到了很大的改善。

自此以后,我讲课更加自信了。另外,我还有一个大收获,那就是自己的耐心比以前强了很多,如果遇到好的音频课,我真能做到反复听很多遍。

为何要读透几本书

人类历史发展至今,各行各业的人写了很多书籍,给这个世界创造了非常宝贵的智慧财富。

在你的专业领域,一定有非常经典、非常值得读的书籍。你要反复去啃这些书,并反复在实践中应用。

这样做,可以让你在写文章、讲课、帮用户解决问题的时候,有理论可循,更有说服力。

很多厉害的专家就是这么做的,他们熟读某些经典,对内容的引用和应用都非常熟练。

站在巨人的肩膀上创新,比纯靠自己摸索,更高效,更有优势。

还有哪些注意事项

（一）可以给自己定一个截止时间，打磨出一个代表作，这能让你学得更好。

（二）圈子很重要，活在高手堆里，你是很难成为低手的。

（三）别人的经验是别人的，你可以学习，但不要照搬，一定要结合自身实际。

（四）少学免费的，多学付费的。

（五）重复的力量是极为强大的，对于好的内容，一定要重复学，反复钻研。

（六）条件允许的情况下，一定要请高水平的教练。

有关学霸

需求是最好的老师

扫描二维码,关注公众号
输入"学霸",获取神秘锦囊

我的践行清单·notes

读书

如何将读过的书转化为生产力？

我为什么坚持读书

截至目前，我有三千多本书。

曾经有很长一段时间，我的床，一半是属于我的，一半是属于书的。

睡不着的时候，拿起一本，开始翻。

没事做的时候，拿起一本，开始翻。

缺能量的时候，拿起一本，开始翻。

我对书是充满感激的，它们陪伴了我的成长。不管我搬到哪里，这些书都一直跟着我。

由于读了大量的书，所以我在写作和讲课上，比一般人更有料。

还没什么名气的时候，为了让自己能更快崭露头角，我曾在3个月内写出了近百篇文章。

后来，出于服务社群成员和打造个人品牌的需要，我经常做在线分享，有一周我甚至讲了八场。

如果不是读过很多书，打下了坚实的基础，很难想象我会这么能写、这么能讲。

坚持读书，等于坚持锻炼并升级自己的大脑。让大脑充满好东西，让大脑战斗力更强，我们才更有可能做得更好、活得更好。

事实上，读书这件事儿，本就应该是终身成长者的标配呀。

如何打好阅读基础

如果自己的阅读基础很差,怎么办?

多读,猛读。

越早突破新手期,你就越容易尝到读书的甜头,越容易建立起良好的阅读习惯。

我在新手期的时候,花了大量的时间泡书店,在里面翻阅了大量的书,有时候一待就是一整天。累计读了上百本书之后,我发现读书对我来说,已经变得容易很多。

当然,一开始最好读自己能读得进去的书,不然,你可能很快就放弃了。

还有,你要多读能给自己提供成长方法的书,为以后的发展打基础。

读书一定要记住吗

上学的时候,为了准备考试,我们经常需要背诵书里的内容。很多人哪怕毕业很多年了,在阅读的时候,仍然希望自己尽可能地记住更多东西。但是,要读的书那么多,怎么可能都记得住呢?

不信的话,你回忆一下自己在学生时代背过的课文,现在还能完整地背出几篇?

对于一些特别好用的内容,我当然希望自己能记住,但我更希望自己能用上。

用,才是更好的读。

用,才是更好的读。

用,才是更好的读。

用,才是更好的读。

因为太重要了,我强调了四遍。

我是怎么做的呢?

(一)重复读,多读几遍。

(二)读的过程中思考怎么去用,还要真的去用,且努力做出成绩。

(三)分享给更多人。

时间一久,这些内容就真的被我消化了。这时候,也就不存在是否能记住的问题了。

阅读速度慢怎么办

一开始,你要忍受这种慢,因为这种慢是必然的,也是绕不开的。没有谁一出生就能走路,也没有谁在一岁的时候就能健步如飞。同样,你也没办法在基础还不牢的情况下就读得很快。

不过,你不可能一直慢下去,随着阅读量的不断增加,掌握的词汇越来越多,你的知识储备越来越丰富,你的信息处理能力越来越强,你的阅读速度自然就会越来越快。

还有,当你读了很多书之后,判断力就会提高,你可以快速识别哪些内容是可以泛读的,哪些内容是需要精读的,对不同的内容区别对待,从而更快地读完一本书。

碎片化阅读可行吗

现在大家都挺忙的,如果必须要有大块时间才能读书,那么,很多人可能真的就对读书这件事望而却步了。

有不少人抨击碎片化阅读,但你别听他们的。

碎片化阅读,也是阅读啊。

有时间就读几页,没时间就该干吗干吗。

这样做,一年下来,阅读量也是很大的。

很早之前我就开始刻意训练自己的碎片化阅读能力。

一开始,我发现这件事并不容易,因为很难进入状态。

但我会"强迫"自己继续读,不管状态如何,读就是了。

经过很多次训练之后,我已经能快速切换状态,很好地进行碎片化阅读了。

忙碌的时候,一天也能读几十页。

要不要写读书笔记

很多人读完书之后喜欢写读书笔记。

这样做有效果吗?

有,但是还不够。

我还有更好的办法,那就是写"践行清单"。

读完书之后,根据自己的实际情况,回答两个问题。

第一个问题:有哪些内容是我用得上的?

需要一条条列出来。

第二个问题:针对每一条内容,我该怎么做?

把这两个问题的答案写出来,你得到的就是一本书的践行清单。

这样做,能促使你更认真地思考,让这本书真正为你所用。

如果你只是做普普通通的读书笔记,思考深度不够,过一段时间,你很可能就忘得差不多了。

如果是写践行清单,你不仅要思考哪些内容是自己用得上的,还要去琢磨自己能怎么用,接下来该怎么做。

效果自然好很多。

有哪些书是必读的

这是个见仁见智的问题。

我分享一下我的看法。

(一) 历史类书籍。读历史，最起码会让你更懂人性。

(二) 人物传记。读人物传记，你能看到很多可能性，而这些可能性，可以给你的人生提供参考。

(三) 还有一些能够帮我们升级商业思维的书。这方面的书我读得特别多，因此，我的商业嗅觉会比较灵敏，比一般人更容易发现一些不错的赚钱机会。

(四) 最后，我要重点讲讲励志书。

有的人一看到励志书就会开骂。

有的人明明想看这类书籍，却生怕被人看到、被人鄙视，只能偷偷看。

我觉得，看书应该按需决定，尤其是在内心能量不足的时候，读一些励志书没什么不好。如果读这些书能让你的状态变好，多棒啊。

我就看过很多励志书，这些书给过我很多能量，在此一并表示感谢。

怎样提升挑书能力

我算是一个非常会挑书的人。

我们社群里的打卡书籍,绝大多数是我挑的,大家普遍反馈很好。

挑书,是需要大量练习的。

我会经常做这几件事:

(一)经常逛书店,大量翻书。

(二)找爱读书的朋友推荐好书。

(三)花时间在网上书店淘书,并搜书评。

(四)从一些好书的参考书目里找书。

这些事情,坚持做,你自然会成为一名挑书高手。

什么是"读书三板斧"

关于读书,我一直在践行"读书三板斧"。

第一板斧:重复读。

挑出几本经典书籍,一遍又一遍地读,有的书,我甚至会读十遍以上。

第二板斧:盯作者。

如果我特别欣赏某个作者,我会把他的书都买来,认真研究。如果有可能,我还会想办法跟这个作者见面,近距离感受他的言行举止,向他请教,跟他交流。

第三板斧:勤分享。

我在书里看到特别好的内容,会找机会讲给别人听,讲多了,这些内容就印在头脑里了,用起来也会轻松许多。

还有哪些注意事项

（一）要杜绝读书万能论。

读书，只是我们提升自己的诸多方式之一，千万不要待在书堆里不走出来。我们不仅要读书，还要去见牛人，更要做具体的事情，在实践中磨炼自己。

（二）听人讲书也是好办法。

有人对讲书节目"口诛笔伐"，实际上我自己以及我身边的很多朋友，就是讲书节目的受益者。我们不仅要自己读，还要听听那些很牛的人是怎么解读的，这也能让我们学到很多东西。

而且，有些场景（比如做饭的时候）确实不适合看书，但我们可以听音频呀。大好的时间，可不能随便浪费。

（三）挑书，更要挑作者。

如果一个作者，自己从未做出过什么像样的成绩，却出书告诉你如何才能成事，你会作何感想？

我一直"呼吁"要远离纸上谈兵者。他们也许讲得很好，写得很好，但他们本人并不是很好的践行者，甚至连见证者都不是。

读他们的书，你放心吗？

多读有结果的人写的书，你会更容易有结果。

(四)什么是真正的读懂?

真正的读懂,是结合自身实际,理解、坚信、持续践行,并做出成绩。

079 -

有关读书

用，才是更好的读

扫描二维码，关注公众号
输入"读书"，获取神秘锦囊

我 的 践 行 清 单 · notes

写作

如何成为一名很圈粉的写作者？

写作到底有什么用

写作是"改运"级的武器,写作和不写作的人生,有着极大的不同。

(一)写作,能让你想得更明白,大大提升你的思考质量。思考质量提高了,你的行为质量也会跟着提高。

(二)如果你经常写作,你会比一般人更容易捕捉到有价值的信息。这些有价值的信息,会让你更容易脱颖而出。

(三)公开写作,能帮你连接很多同频的人。这些连接意味着新的可能性,意味着新的机会。

(四)写作是打造个人品牌的神器。个人品牌强的人,在各种竞争中会更有优势。如今这个时代,文字传播如此迅捷,如果你还不写作,真是浪费了"天赐良机"。

如果我当初没有在网上公开写作,很难想象我可以被这么多人关注,并且做出一个颇具影响力的学习型社群。

你啊,别犹豫了,写吧!

如何打好写作基础

（一）要多读优秀作品。

有句话说得好,知好才能做好。要想做出好产品,你得见过足够多的好产品。写作也是如此。优秀作品读得太少,你就不知道什么是好作品,自己也很难写出好作品。

（二）要多写,多改。

写少了,脑子不活;改少了,表述不精。

（三）死磕阅读法。

找一本书,这本书的文字风格,你特别喜欢。

这本书的方法、原则、理念、思想,你很欣赏,特别受用。

这本书每篇文章的篇幅最好不要太长。

找到之后,你可以这样做:

1. 每天选择其中一篇文章,认真读两遍,不仅要认真感受作者的文字表达,还要分析文章的布局。

2. 朗读一遍,读出声来,并录音。

3. 听一遍录音。

4. 抄写（也可以用电脑打出来）一遍。

如果你真的把一本精选的好书死磕五遍,你的文字功底一定会有质的进步。

刚开始应该写什么

但凡你方便写出来的,且对读者来说,可能会有启发的内容,都可以写。

比如,你有哪些榜样,你跟他们学到了什么?

比如,你读过的哪些书对你影响很大,你学到了什么,它们分别对你产生了什么影响?

比如,你有哪些成就事件,你是怎么做到的,有什么值得分享的经验?

比如,你踩过哪些坑,这些坑给你带来什么启示?

……

通过写这些文章,你能更好地了解自己,也能让读者对你有更为全面的认识,还能给读者提供足够多的"好货",让他们更愿意持续关注你。

还有一种选择,如果你已经确定了自己的细分领域,想在这个领域写出成绩,打造专业个人品牌,那就可以专门写这个领域相关的内容。

不会起标题怎么办

写文章,标题就像人脸,非常重要。

好不容易写了一篇文章,却想不出一个好的标题,怎么办?

别急,这是可以训练的,我教你两个极为简单的方法。

(一)经常扫标题。

为了提高自己起标题的能力,我会经常去扫标题。

什么意思呢?

我关注了很多微信公众号,很多时候我并没有时间看完所有号的内容,但我会快速浏览它们的标题,如果有非常动心的,我就会多停留一会儿,甚至把这个标题记录下来。

(二)多起几个标题。

你还可以做一个练习,在你写文章的时候,给同一篇文章多起几个标题,然后凭直觉选一个,作为文章的最终标题。

坚持上面这两个练习,假以时日,你自然能成为一个起标题的高手。

写作没灵感怎么办

我也曾觉得自己没什么灵感，写不出东西，很是焦虑。

后来发现，这种情况其实是缺"货"导致的，头脑里没"货"，自然写不出东西来。

那该怎么办呢？

读好书，见牛人，这些都是必做的。

还有，要多观察、多提问、多分析、多总结。

例如你到一家餐厅消费，这家餐厅给你的感觉非常好，此时你不能只是享受，还要认真地观察、分析，看看这家餐厅到底好在哪儿，你是被哪些细节所打动的。

如果有想不明白的地方，还可以直接去问服务员相关情况，更深入地了解这家餐厅，同时在心里继续探究以上问题。

这样做，你可以总结出不少好东西。

如此一来，写出一篇颇有价值的文章，肯定是没问题的。

写不出东西的时候，不要干坐着冥思苦想，你应该去"进货"——从书里"进货"，从牛人那里"进货"，从现实生活中"进货"。

"货源"充足了，写东西也就更容易了。

有人给差评怎么办

放心,所有知名作者在写作这条路上都会面临差评。

除非你写的文章没人看,否则,难逃差评。

我们不可能从一开始就写得很好,也不可能做到每一篇文章都是精品,更不可能让所有人都满意。

遇到有人说你文章写得不好,甚至骂你,你就把这当成是一种鞭策。你除了继续写,好好写,让自己写得更好,别无选择。

如果你纠结于别人给的差评,并对此耿耿于怀,难以自拔,那真的是浪费时间。

我和大家分享一个故事。

2016年,一个做图书出版的人看了我的文章后,跟我说,他觉得我的文章没有出版价值。

当时我确实挺郁闷的,但我没有辩解,而是继续写,动力反而更足了。

没多久,我就写出了阅读量特别高的爆款文章。

很快,他就来找我了,表示想出版我的书。

我没有不理他,但是,我也没有跟他合作出书,而是继续努力写文章。

后来,找我出书的优质出版商越来越多,提出的条件也越来越好。

你在对着谁敲键盘

写作不是自说自话,而是跟人交流、分享。

我们写的文章,要让人愿意看、看得懂、看了之后有所启发。

打字的时候,要想象自己在对着一群人讲话。

如果没有"对象感""分享感",很容易写出"自嗨"的文章,也许你自我感觉良好,但读者却无感。

刚开始写微信公众号文章的时候,我会经常像写演讲稿一样写文章,还会认真想象自己上台对着很多人演讲的样子。

这样做确实很有效。后来,很多读者跟我说,我的文章通俗易懂,让人感觉非常亲切,就像是我在面对面跟他们讲话一样。

什么比文采更重要

其实绝大多数人的文采很普通,包括我。

但这没关系。

我觉得一个人写的文章只要简洁流畅、有说服力,就已经很好了。

对于简洁流畅,我的理解是:表达精准不啰唆,语言通顺不拗口。

有说服力,指的是能让读者相信,并且想要去改变。

说服力从哪儿来呢?

除了你写得有道理之外,你本人还得是一个有结果的人。

试想,如果你自己长得胖乎乎的,却写文章来指导别人如何减肥;如果你自己每天晚睡晚起,却写文章告诉别人早起的好处;如果你自己的工作做得一塌糊涂,却写文章告诉别人如何才能升职加薪。谁会相信你?

对于作者而言,这里有一条少有人走的路,一旦走通了,你的文字会非常有力量。

这条路总结起来就七个字:做得好,并写得好。

这世上做得好的人,不少。

写得好的人,也不少。

但做得好又写得好的人,少之又少。

如果你走上了这条路,恭喜,你走对路了!

我们容易忽视什么

你有没有认真梳理过自己坚信的原则、理念？

一个合格的写作者，应该有自己坚信的原则、理念。这些原则、理念，是随着作者的成长而不断发展的，而且他应该将这些东西融入自己的文章。

作者要知道自己坚信什么，不能随随便便，不能糊里糊涂。

现在，你可以做一个练习：

（一）拿出一张白纸，用笔写下所有你能想到的并且非常坚信的句子。比如说：让自己变得更好，是解决一切问题的关键。

（二）写的时候，要做加法，想到了就写下来，越多越好。

（三）等实在写不出新的句子了，就开始做减法，把你觉得可有可无的句子去掉，留下你认为绝不可少的句子。

（四）剩下的这些句子里，很可能就藏着你坚信的原则、理念。

这个练习你可以经常做，因为它能帮你很好地梳理自己，让你成为一个更优秀的写作者。

还有哪些注意事项

(一)不仅要多写,还要努力写出值得传播的代表作。

(二)写作,与读者建立信任是第一位的。

(三)每天分析一篇很能打动你的优秀文章,对提高自己的写作能力很有帮助。

(四)如果你确实很忙,可以试着从每天写五十个字开始。如果还觉得多,那对不起,别写了,你太辛苦了。

(五)养成看电影时认真品味台词的习惯,很多电影台词是很经典的,非常值得学习。

(六)搜集一些写得特别好的句子,做仿写练习,可以大大提升你的遣词造句能力。

(七)经常翻字典,了解字词的用法,可以让你的表达更精准。

(八)听一些非常好的内容,有助于培养良好的语感。

(九)开始写吧,不管你的基础怎么样。

有关写作

你本人得是一个
有结果的人

扫描二维码,关注公众号
输入"写作",获取神秘锦囊

我 的 践 行 清 单 · notes

讲课

如何成为一名很吸金的好老师?

为何你要学会讲课

在我看来,一个人拥有良好的讲课能力,意味着他能很好地把知识、道理、事情讲明白,让人愿意听、听得懂、有启发,且愿意去改变。

如果你是一位老师,拥有良好的讲课能力,你能让学生学得更好。

如果你是一位家长,拥有良好的讲课能力,你能更好地带着孩子成长。

如果你是一位老板,拥有良好的讲课能力,你能更好地培训自己的团队。

如果你是一位作者,拥有良好的讲课能力,你能更好地影响和改变读者。

……

不管你是谁,拥有良好的讲课能力,你会更有竞争力。

何谓录视频训练法

当年,为了让自己能讲得更好,我连续录了两个月的视频,一天不落,总共录了1000多个。

那时候,刚好是暑假,我白天要给学生补课,到了晚上会选择一个话题,录制1~3分钟的即兴讲话视频。

每次录完,我都要查看视频,看自己的表现如何,有哪些地方是需要改进的。如果表现不佳,我会重新录,最多的时候,一晚上录了65个视频。

刚开始确实很艰难,不仅内容会有问题,而且视频里的自己真的让人"不忍直视":手势僵硬,眼神飘忽,表情奇怪,语音语调听起来也很别扭。

要录制一个稍微像样点儿的视频,需要折腾很久。

随着训练量的增加,我的表现越来越好,到后来甚至可以一次就录成功。

这个方法,亲测有效,建议你也试试。

怎样跟高手学讲课

如果你想成为一个讲课高手,首先你需要多听讲课高手的课。

不仅要听,还要看他们的视频;不仅要看,还要模仿他们的语音语调,表情姿态。

当然,这还不够,如果有机会,一定要去线下见他们,近距离聆听、观察、学习。

给大家分享一个我的故事。

读研的时候,为了准备考试,我曾把一位老师的讲课录音前前后后听了几十遍。这位老师讲得实在太好了,我和同学们都很愿意听。

我不仅跟他学到了很多东西,还觉得讲课是一件非常有意思且有意义的事。

几年后,我想办法联系上了这位老师,请他吃饭,跟他面对面畅谈了几个小时。我发现,现实生活中的他口才十分了得,比想象中更有魅力。

我本来觉得自己的讲话水平已经够高了,但跟这位老师相比,真是天壤之别。

又过了三年,我专门找到他,交学费,跟他深入学习。

每次跟他见面,我都能学到很多。

我自己在讲课这件事上的进步也很大。

为何说线下很重要

我很感谢自己那段线下教英语的经历，它让我更加懂得如何在现场去跟别人沟通，如何面对面地去教别人，并且成为更自信的自己。

一个人要想真正在讲课这件事上有所突破，就一定要走到线下去，走到真实的场景中去讲课，面对真实的人，哪怕只有一个听众，也好过你自己一个人练习。

对着手机、电脑讲话，和跟人面对面讲话，你所感受到的压力、得到的反馈是很不一样的。

你需要多去感受来自现场的压力和反馈，这样才能让自己的内心更为强大，让自己的表现更为自然。

为何说开课并不难

开课并不难,你也可以,真的。

我举两个例子。

比如,擅长理财的你,可以认真准备一堂关于理财的小课,然后写一篇推广文案,发到朋友圈卖卖看,哪怕只卖几块钱也挺好啊。

又如,擅长读书的你,遇到了一本特别好的书,可以把这本书多研究几遍,结合自身过往的积累,认真准备一堂几十分钟的课,用同样的方法,发到朋友圈卖卖看。

要是真有人来报名,你就讲给他们听,并且注意搜集反馈。

如果你心里没底,想要多练练,可以拉几个小伙伴组队互助——每隔一段时间聚到一起,每个人都讲一堂课,并且其他人都要给反馈,这可以很好地帮助彼此打磨课程,共同提升讲课能力。

只要你坚持践行上面这些方法,你会发现,开课其实并不难。

如果你从不开始,对不起,你永远成不了讲课高手。

为何我很少写讲稿

不得不说,讲课前认真写稿是很好的习惯。

但在绝大多数情况下,我是不写讲稿的。

为什么呢?

我要通过这样的方式,倒逼自己多多练习,让大脑和嘴巴的反应变得非常快,从而拥有一般人没有的即兴讲课能力。

有人可能会觉得这样做很不负责任,听课的人肯定感觉很不好。

事实并非如此,我讲的课,在社群里好评率非常高,有不少人已经跟着我学了三年多。

我是怎么做到的?

给你分享三个秘密:

(一)高频思考。我平时的思考密度非常大,经常琢磨有价值的问题,想明白了,讲起来也会更顺畅。

(二)讲我所做。我讲的绝大部分内容,是自己的实战经验和心得,我对自己做过的事情是很熟悉的,讲起来也会容易很多。

(三)疯狂练习。我平时会做大量的即兴讲课练习。比如,找一个主题,迅速讲出一段内容。

关于不写讲稿,我还有一个发现,那就是,它能给我带来惊喜。

什么意思呢?

如果每次都写好稿子再来讲课，我会错过很多临场发挥出来的好东西。

正因为没有稿子的束缚，我经常会讲着讲着，就讲出一些意想不到的好内容。

如何让自己更幽默

幽默,能大大提升你的语言魅力。

我坦白,我是一个幽默的人。

几年前,我去一家盲人按摩店消费,其间,我接了一个电话,和一个朋友侃大山,通话结束时,旁边一个同样在接受按摩服务的陌生男子发话了,他说:"你怎么不打了?"

我还以为吵到他了。

紧接着,他又说了一句:"真是笑死我了,听你讲话真是一种享受啊。"

现在,我比那个时候还要幽默得多,哈哈哈哈哈。

我是怎么在幽默这条路上越走越远的呢?

干货来了:

(一)多听搞笑的内容。比如《老罗语录》,我曾听了上百遍。

(二)多背段子,并找机会用自己的语言讲给别人听。

(三)根据不同场合的需要,改编段子,并多讲。

(四)自己遇到什么好笑的事情就整理成段子,讲给别人听。

(五)多跟幽默搞笑的人一起玩。

这些方法你也可以用,而且只要你真的去做了,讲课效果肯定会更好。

如何才能更受欢迎

曾有人问我,移动互联网时代,如何才能让自己的课程更受欢迎?

我给出的答案如下:

(一)简单易懂。

晦涩难懂,是讲课大忌。

如果一个人讲课不能做到简单易懂,说明这个人的讲课能力有待提升。

甚至,很有可能他自己都没想明白,所以,才会讲得这么难懂。

要做到简单易懂,除了多使用常见词之外,多举例子、多打比方,也很重要。

(二)非常好用。

除了做到简单易懂外,你还要给大家非常好用的方法论。

如果用户听完你的课之后,觉得用不上,或不好用,他们的感受会很差。

（三）充满力量。

很多时候，用户缺的不是干货，而是力量。

我们要给用户力量，让用户充满动力，并真正愿意去行动，去改变。

如果你真能做到"简单易懂、非常好用、充满力量"，你的课肯定会更受欢迎。

我的高端课怎么玩

我开了一门线下课,每次只招三个人,招满之后,我会跟大家共同决定什么时候上课。

这门课收费很高,报名的人都必须提交申请,审核通过后才能交费参加学习,来的人能量都很强。

在课堂上,每个人都要分享自己的商业模式,并且大家都会互相提建议。

我会在现场跟大家充分沟通,确定每个人的需求之后再决定讲什么。

大家可以不断提问,我会尽己所能为他们答疑解惑。

我把这种讲课方式叫作"咨询式授课"。

这个课不是一次性的,我下次开课的时候,这些人还可以继续来听课,结交新的朋友。

对我而言,开这门课,不仅赚到了钱,还组建了一个高能量的圈子。

对学员而言,他们得到的是量身定制的建议和真正用得上的方法论,以及一群能够互帮互助、长期共同成长的朋友。

还有哪些注意事项

（一）要充分了解用户需求，而不是闭门造车。

如果你没有做好用户调研，不了解用户需求，怎么能期待用户很有收获？

（二）听自己的讲课录音，找问题。

尤其是对新手而言，这一点是必做的。不要讲完就了事，你要多听自己讲过的课，并认真总结，想办法改进。

如果有敢说真话的人愿意帮你提建议，那就更好了。

（三）针对你讲课的领域，平时多输出一些文章。

由于经常写这个领域的文章，你会对相关内容想得更明白，讲起来也会轻松很多。而且，你写这个领域的文章，能吸引课程的潜在精准用户，等你推广课程的时候，这些人更有可能报名。

（四）关于内测。

如果你想让自己的课程变得更好，发起内测是非常好的办法。

你可以去找一群目标用户，说明情况，让他们来听你的课。

在实际讲课的过程中，你会产生很多灵感，还能发现不少问题。他们也能给你提出建议，帮助你完善课程。

> 有关讲课

很多时候,
用户缺的不是干货,
而是力量

扫描二维码,关注公众号
输入"讲课",获取神秘锦囊

我的践行清单·notes

牛人

如何通过持续见牛人突破自己?

为何一定要见牛人

以前的我,圈子窄,见识少。

为了寻求突破,2015年11月,我开始想办法见牛人。

见了几位牛人之后,我收获很大,越发觉得这是一种极好的学习方式。于是,2016年一开始,我就给自己立了一个目标:一年要采访100位牛人。

后来,我把采访牛人变成了见牛人,因为采访显得太过正式,而且还要输出采访文章,这对我来说压力太大。若只是见牛人,事情会变得简单很多。即便如此,在很多人看来,难度还是很大。

但我持续做下去了,而且还乐此不疲。记得有一天,我马不停蹄地见了五拨人,凌晨回到酒店时,我回顾了一天的收获,那种满载而归的感觉,真是太爽了。

最近四年,我累计见了数百位牛人。

我见识到了很多可能性,思维更加开阔,成长动力更足。

我进入了几个新的优质圈子,得到了多个非常重要的机会。

我遇到了很多贵人,他们在一些关键时刻帮了我大忙。

我构建了一个较大的资源网络,成为一个超级连接者。

……

可以说,见牛人这件事真真切切地改变了我的命运。

怎样找到很多牛人

我给大家分享五个渠道：

（一）新媒体平台。我关注了很多牛人的微信公众号，我会给其中的一些人留言，有的真的会回复我，并且愿意和我沟通。

（二）社群、培训班。我参加了很多社群和培训班，在里面会遇到一些牛人，我会想办法结交他们。

（三）付费约见平台。比如，通过"在行"App付费约见，这个App上入驻了各行各业的牛人，我会通过搜索关键词查找到相关领域的牛人，并约见他们。

（四）他人引荐。比如，见牛人的时候，有些牛人会给我引荐其他牛人；又如，有的朋友知道我要见牛人，也会给我介绍牛人。

（五）自身吸引。有了一定的名气之后，很多牛人会主动找我。

何谓主题式见牛人

如果你需要对某个领域有较为深入的了解,有一个很好的方法,那就是逐一约见多位这个领域的牛人。

我把这种方法称为"主题式见牛人"。

以我为例。

2017年夏天,我想深入了解某个领域,当时把我能找到的所有与这个领域相关的牛人,都见了一遍。

见完之后,我对该领域的认知,有了相当大的提升。而且,我还有意外的收获:通过其中两位牛人的引荐,我进入了两个非常厉害的圈子,认识了几位非常优质的朋友。

跟多位同一领域的牛人交流,向他们请教,最起码会有两个好处:一方面,你可以了解更多"门道",少走很多弯路;另一方面,你还可以搭建这一领域的专家网络,以后遇到相关问题,找人就容易很多了。

你还可能像我一样,有意外的收获。

见牛人要准备什么

（一）提前了解。比如，读牛人的文章，了解他的思想和过往经历。

（二）梳理自己。认真准备自己的情况介绍，方便牛人能在较短时间内了解你的具体情况和需求。这样的话，对方才能更好地根据你的实际情况与你交流，给你建议。

（三）好好休息。如果你睡眠不足，在见牛人时总是分神，甚至打哈欠、打瞌睡，约见效果肯定好不到哪儿去。

（四）收拾自己。整洁干净是基本要求。毕竟，邋遢的人在大多数场合是不受待见的。

（五）带上礼物。礼物不一定要多贵，但是要有价值，最好对方用得上。

见牛人不能聊什么

（一）不要去问对方的隐私。

比如，女士的年龄，对方的婚恋情况、收入等信息。这很可能会让对方觉得你很八卦、不得体。

有一次，我不小心问了一位女士的年龄，对方立马回了我一句："你不知道问女生的年龄是很不礼貌的行为吗？"场面一度很尴尬。

那次之后，我就特别注意了。

（二）不要在聊天的时候说其他人的坏话，不要泄露其他人的隐私。

如果你不注意，别人会觉得你这人不厚道，会防着你，跟你说话也会特别小心。

如果对方在吐槽别人，你不要跟着附和，否则，一旦传出去，你就惨了。

（三）有些牛人好奇心比较强，可能会问你一些不该问的问题，这时候，你其实没必要过于坦诚。

切莫交浅言深，不然挺危险的。

见完之后要做什么

(一)反馈。

见完牛人之后,你要发信息表示感谢,还可以写一写自己的收获,发给对方。

一方面,自己做了梳理,对谈话的内容会有更深入的理解;另一方面,也让对方知道你确实有所得并且非常感谢他,一般情况下,牛人会因此感到很高兴。

还有更狠的方式:你可以手写一封信,内容为收获和感谢,拍照发给对方,甚至想办法送到对方手上。

这样做的人不多,但确实会让人印象很深刻。

(二)推荐。

如果觉得这位牛人特别棒,你还可以将其推荐给其他人。牛人知道了,也会很感谢你。

(三)分享。

比如,平时读到了什么好文章,如果对某位牛人有用,可以分享给他看。同理,遇到了好书,也可以分享给他。

(四)问候。

可以在一些特殊的日子(节日、生日等)给牛人发去专属问候。

为何说着急是大忌

有的人,急于求干货,急于要资源,让牛人尴尬不已。

有的人,跟牛人聊得特别好,急于做出一些承诺,比如跟牛人合作项目,帮牛人做一些事情等。结果没多久就后悔了,然后失信于人。

有的人,会急于在牛人面前推销自己,滔滔不绝地讲自己的各种光辉战绩,希望能快速得到牛人的认可,却没有给牛人足够的表达时间,最后,把整场约见变成了自己的"推销会"。不出意外的话,牛人会感到很崩溃。我之前就犯过这样的错误,现在想想,确实不该。

这些急,都是很减分的。事实上,慢慢来会更好。

为何不要给人差评

有时候,你满怀期待地去见牛人,但是见完后,你很不满意。怎么办?

我曾看到有人在朋友圈评论自己约见的牛人,内容非常不友好。

你有权这么做,但我劝你不要这么做,因为给人打差评是弊远大于利的事情。

一方面,你在网上公开打差评,对别人的影响很大。

另一方面,如果其他牛人看到了你的差评,下次你去约见他们,他们会不会因此而拒绝呢?这不是危言耸听,因为他们有可能会觉得你是个难伺候的人,所以干脆选择不伺候。

强烈建议:除非是不得已,否则,不要给人差评。

如何让你更有价值

做一个超级连接者,会让你更有价值。

如果我觉得某两个牛人适合做朋友,我会先跟他们说明情况,确认双方意愿后,再把他们介绍给对方。

我有时候还会根据牛人的需要,为其推荐或对接社群、培训班或合作平台。

为什么要这么做?

我能力再强,别人也不一定需要我,但如果我是一个超级连接者,情况就不一样了,在别人眼里,我会非常有价值,因为他们可以通过我对接很多人脉和资源。

成为一名合格的超级连接者,有三点至关重要:

(一)要结交足够多的牛人,且别人愿意信任你。

(二)要充分了解大家的实际情况,不要乱介绍。

(三)不要在未确认双方意愿的情况下强行介绍,比如,突然拉个群,这样就很不得体。

还有哪些注意事项

（一）不要指望见一两个牛人就能让自己有很大的改变，见牛人这件事，需要长期做。

（二）不要满足于只是问几个问题，而忘了跟牛人交朋友。

（三）见牛人，平等沟通很重要。你是人，他也是人，把自己的姿态放得过低或过高，都不是什么好事。

（四）交流的时候，手机静音，保持专注。如果你的手机老是响，会打断对方的思路，他会觉得很不受尊重。

（五）不要只是让牛人给你讲，你也可以分享一些可能对他有价值的内容。

有关牛人

做一个超级连接者

扫描二维码,关注公众号
输入"牛人",获取神秘锦囊

我 的 践 行 清 单 · notes

大升级

贵人

如何让自己拥有超好的贵人运?

怎样才能常遇贵人（一）

本文的关键词是走出去。

出门常遇贵人，是对一个人的美好祝愿。

如果你的圈子很窄，且认识的都是一些能量不高的人，那么你基本上很难遇到贵人。

改圈子，你才更有可能实现突破。

走出去，你才更有可能遇到贵人。

这几年，我不断对外连接，遇到了很多贵人。

他们给予了我很大的帮助。有人给了我非常重要的机会；有人给我提供了宝贵的资源；有人跟我合作，共同创造了巨大的价值。

如果我没有走出去，而是窝在自己的小圈子里，贵人们怎么会出现在我的生活里？

如果你想常遇贵人，那就一定不要宅着，不要封闭地活着，而要走出去，去认识更多优秀的人！

怎样才能常遇贵人（二）

本文的关键词是付费。

付费是一种极为简单有效的连接方式。一旦你成为别人的付费用户，甚至是高端付费用户，你们之间的关系很快就变近了。

别人会更希望你变得更好，更希望你成事，也会更愿意帮助你。

尤其是没什么家庭背景的人，更应该通过付费来突破自己的圈子，花钱买更多的可能性。

如果你总是不舍得花钱，你对外连接的效率会很低，而且质量还得不到保证。

怎样才能常遇贵人（三）

本文的关键词是收费。

如果我们有了一定的积累，能够给别人提供一定的价值，我们可以做收费的事情。

不要不好意思收费，只要你提供的价值大于别人支付的价格，收费就没有任何问题。

愿意给你付费的人，比一般人更认可你，也更愿意帮助你。

我从2016年5月开始做收费社群，社群里出现了很多我的贵人。

比如，我的团队成员大多来自我的社群，同频度很高，他们是我坚强的后盾。

比如，有些社群老铁（"老铁"是我们剽悍江湖社群成员的统一称谓，下同）会给我们介绍业务。

比如，很多社群老铁会为我们站台。

比如，我每年都会有一次年度分享，很多社群老铁会自发帮忙推广。举个例子，2018年12月的那场年度分享，有一位来自深圳的老铁，给我带来了4万多位听众。

这些人都是我的贵人。

怎样才能常遇贵人（四）

本文的关键词是付出。

如果你总是索取，却不愿意付出，别人会讨厌你，远离你。

你要做一个持续付出的人，付出越多，肯帮你的人也会越多。

最近两年，我一直在做一件事：每天至少给一个人提供价值。

比如，提供一个靠谱的建议，推荐一本好书，分享一篇高质量的文章，介绍一个朋友……

这些都是在提供价值。

当然，我不是对什么人都好，最起码在我眼里，这个人必须是值得我去付出的。

持续做这件事，效果非常惊人。

怎样才能常遇贵人（五）

本文的关键词是感恩。

要想常遇贵人，你得是个懂得感恩的人。

如果别人帮过你，你要表示感谢，更要记在心上，并想办法在合适的时候，给对方回馈。

有位老师帮过我大忙，我曾在其微信公众号上持续打赏了一年。

在过去三年多时间里，我送出去上万份礼物，大部分是送给了帮过我的人。

很多人知道我是一个懂得感恩的人，因而更愿意帮助我。

我说这些，并不是想向大家证明我有多高尚，我想说的是，懂得感恩，能让你在很多事情上更顺利。

如果别人觉得你是一个不懂感恩的人，他们不仅不愿意帮你，甚至还会远离你。

怎样才能常遇贵人（六）

本文的关键词是持续成长。

我朋友圈里有一些人，一开始他们和我并不熟，没什么交流。

随着我不断成长，影响力越来越大，他们开始和我有了更深的连接。

有的给我加油鼓劲，有的给我打赏，有的给我介绍朋友，有的给我提供机会。

也许你会觉得他们很功利，很俗气，看到我变牛了才来搭理我。

但我觉得这很正常。

如果你是个一事无成、不思进取的人，有几个人愿意主动搭理你？

大家的时间和精力都很有限，凭什么来关注你、帮助你？

我们要持续成长，成长为一个对别人有价值的人。

这样的话，你不去靠近别人，别人也会靠近你。

你的贵人，自然会多起来。

怎样才能常遇贵人（七）

本文的关键词是靠谱。

关于靠谱，我先举两个例子：

（一）

周六上午，你在家休息，某个大佬找你帮忙写一篇文案，三天必须搞定。你问清楚需求后，表示第二天结束前会给初稿。结果你当天下午三点就把初稿交给他了，大佬看完后，非常满意，表示稿子可以直接用了。

这时候，你的表现远超大佬的预期，他会觉得你很靠谱。

（二）

老板让你在四天内整理一份材料，你说只用三天就能整理好。结果第三天老板来问你进度，你却说，真是不好意思，最近太忙了，这事还没开始干，得再等三天。

这时候，你的表现远低于老板的预期，他会觉得你很不靠谱。

靠谱，最起码是在结果上做到符合他人的预期。

如果要让人觉得你特别靠谱，你还要学会给惊喜，在结果上做到超预期。

怎么做呢？

一方面，你要学会管理预期，可以让别人有合理的期待，但千万不能让对方期待过高，否则你就很难做到超出预期了。

另一方面，你在结果上要让人有惊喜感。比如，别人的预期是8分，你却给了12分的交付，这时候，你就给了他惊喜。

若你真是一个特别靠谱的人，你将更容易得到机会，也更容易遇到贵人。

怎样才能常遇贵人（八）

本文的关键词是"学习饭"。

我们不能只满足于线上交流，还要去线下跟人见面，加深了解，建立信任。

我的现状是：工作量很大，线下社交时间并不充裕。

怎么办呢？

我的解决方案是大量请人吃"学习饭"（一年请一百多顿），反正我是要吃饭的，用吃饭时间交朋友，还能互相学习，一举两得。

关于"学习饭"，有两点非常重要：

（一）要挑人，不能什么人都请。

（二）控制好话题，瞎聊可是不行的。

这样做，更容易吃出价值来。

怎样才能常遇贵人（九）

本文的关键词是汇报成绩。

汇报，也是一种回报。

很多人只是埋头做事，却不懂得给帮助过自己的人汇报成绩、分享成长喜悦。这样不利于增强自己的"贵人运"。

我是做社群的，如果有老铁跟我分享他所取得的成绩，我会很开心，会更容易记住他，也会更欣赏他。

看，我就是这么俗气，哈哈哈哈哈。

还有，你不仅可以分享喜悦，如果对方有需要，你还可以分享自己的经验、方法。

你不仅让对方高兴，还让他受益，这是很加分的。

还有哪些注意事项

（一）别人帮了你，要记情，要感恩；如果别人拒绝你，也很正常，别纠结，别抱怨，别说一些难听的话。

（二）不要只是想着遇贵人，你也要成为别人的贵人。互为贵人，关系才能长久。

（三）不要让别人防着你。比如，如果你嘴不严，就很容易让人有防备心。

（四）被重视、被鼓励、被夸奖、被理解、被支持、被需要，是你的刚需，也是别人的刚需。

> 有关贵人

每天至少给
一个人提供价值

扫描二维码，关注公众号
输入"贵人"，获取神秘锦囊

我 的 践 行 清 单 · notes

团队

如何打造极有战斗力的小团队?

为何说定位很重要

跟我一起做事的人,必须要有自己的定位,并且要不断地学习、实践、总结、分享,努力提升自己的专业能力。

我们团队有一个姑娘,一开始,她对自己的定位并不清晰。

经过一番梳理后,她找到了自己的定位——"社群运营团队打造专家"。

有了这个定位之后,她在带团队这件事上对自己的要求更高了,为此她专门花了四万多块钱去学习领导力的课程。

她不仅自己成长得很快,还带动了其他人和她一起升级。

定位清晰后,注意力会更聚焦,自我要求会更高,成长速度会更快,大家也能把工作做得更好。

怎样挑选团队成员

选人,首先要看一个人做事是不是持续靠谱。

偶尔靠谱不难,但持续靠谱就很难得了。

其次,还要看"五心"。

第一个心,野心。

如果一个人野心不足,对自己的要求和期待自然就高不到哪里去,你怎么能指望他可以独当一面、出类拔萃?

第二个心,平常心。

如果一个人情绪波动太大,遇事易慌易怒,承受不了太大压力,他不仅自己做不好事,还容易给其他人带来不良影响。

第三个心,感恩心。

如果一个人不懂得感恩,他很难跟其他人处好关系,不利于团队建设。

第四个心,敬畏心。

如果一个人胆子太大,什么都敢做,不敬畏规则,你敢把事情交给他吗?这种人,能力再强也不能用,因为破坏力太大了。

第五个心,专心。

如果一个人总是分心,很难沉下心来做事情,他很难做出成绩。

为什么有早读晚读

我们团队每天上班第一件事就是早读,大家一起读我们的《剽悍十一条》:

我是专家,我是教练,我是富人

我的工作是成就更多老铁

大惊喜,强感知

我的内心无比强大

用成绩说话

信心比黄金贵一万倍

我守口如瓶,值得托付

我的表达精准有力

我的战友非常卓越

我为剽悍江湖感到骄傲

今天就能做到极致

每天下班前,我们还有晚读,大家一起读我们的《剽悍誓言》:

我野心勃勃
我无比坚定
我忠于组织
我守护团结
我敞开心扉
我积极沟通
我绝不抱怨
我绝不固执
我绝不松懈
我绝不掉队
我服从命令
我勇争第一
请你相信我
我说到做到

每天早晚集体朗读,一方面,可以让工作更有仪式感,让大家的状态变得更好;另一方面,还能让大家牢记工作原则和理念,从而更好地践行。

为什么要坚持复盘

我要求团队成员每天都要复盘，反思总结当天的所作所为、所学所得，以及遇到的各种问题。

有的人可能会觉得这样做很麻烦，纯属浪费时间。

但事实上，复盘非常有必要。

一方面，大家可以更好地知道自己一天到晚都在忙什么，有什么收获，有哪些不足，从而想得更清楚，活得更明白。

另一方面，我要求所有人把复盘的内容发到核心团队群里，其他人都能看到。

这样做，能促进团队成员之间互相学习，互相帮助，大家能更好地共同进步。

如果你也在带团队，强烈建议你在团队中推行复盘制度，因为效果实在是太好了。

什么是最好的团建

最好的团建,就是带着大家一起打胜仗。

我们拿过多个平台的第一,每次都是团队的人一起上,一起想办法勇攀高峰。

在这个过程中,大家紧盯目标,积极思考,努力行动,每个人都很好地锻炼了自己。

大家的经验、能力和信心,都得到了提升,整个团队的凝聚力也增强了很多。

吃喝玩乐式的团建可以让大家很开心,但效果不一定好。

如果你想加速提升团队的战斗力,一定要找机会带着团队去打胜仗,让大家充分参与进来,共同前进,共享喜悦。

如何让大家更卖力

我们团队的人工作都很卖力。

除了大家自身的职业素养之外,还有一个很重要的因素:分利模式。

天下熙熙,皆为利来。

天下攘攘,皆为利往。

要想让人干劲十足,利要给够。

我们的分利模式是这样的:到了一定层级的人,可以负责具体的项目,他的利益跟这个项目绑定,除了拿基础待遇之外,还能拿到项目分成。

事实上,我们的基础待遇本身就比较高,如果做好了,加上分成,每年的收入是非常可观的。

如果你想让团队成员很有狼性,就不要只给大家吃草。

狼是要吃肉的,而且还要吃够,这样才能更有战斗力。

如何让人加速成长

要想让团队的某个人成长得更快,有三个字非常重要——让他上。

在我们团队,我们会不断创造让大家上的机会。

比如,我们会不断给团队成员线上和线下分享的机会,让他们上台,去影响和改变更多人。

比如,我们每隔一段时间就会举办线下大会,我会让团队成员轮流当大会的主理人,锻炼他们的线下运营能力。

比如,我让团队里的两位成员自己成立公司,独立带团队运营项目,锻炼他们的商业经营能力。

让他上,可以让他更有成就感。

让他上,可以让他在实战中积累经验。

让他上,可以让他充分负起责任。

试想,如果你的团队成员从来都只是配合你,你从不让他们上,从不给他们独当一面的机会,他们的成长速度怎么可能很快?

如何增强运营力量

我们团队一直在坚持"老带新"。

在运营社群的同时,我们还会开办运营学院,招募社群里想要学习社群运营的人,免费跟我们学运营。

具体操作如下:

(一)申请和筛选。他们要写申请,经过筛选后,进入运营学院。

(二)理论学习。进入运营学院后,我们会有优秀的老运营官给大家上课,教大家如何做好社群运营。

(三)参与实战。光给大家上课是不够的,我们还会带着大家去实操——符合条件的学员会直接参与到我们社群的运营中来。

所以,虽然我们全职团队人很少(除我之外,只有六个人),但我们能调动上百人一起运营社群,运营力量是非常强大的。

老板的角色是什么

老板有一个很重要的角色：教练。

教练应该做什么呢？

激发潜力、鼓舞士气，在合适的时候提供必要的支持，让大家能够更好地胜任工作，更好地成长。

只有大家都成长起来了，团队才能更强大。

要当好教练，有一种能力很重要，那就是提问能力。

通过提出好问题，你可以引导团队成员进行高质量的思考，从而理清思路，把事情做好。

如果团队成员向你求助，你总是习惯于直接给答案，甚至是帮他做，你那是在害他，因为你没有给他认真思考的机会，他得不到锻炼，自然很难成长起来。

另外，如果你想让人好好学习某个东西，你别只是让他去学，还要让他去教。

由于要教别人，他自然会更努力地去学，而且会学得更好。

要不然，教的时候会很丢人的，哈哈哈哈哈。

还有哪些注意事项

（一）要有检查机制。我的助理曾经给我分享过一句话，大意是这样的：别人不会完全按照你说的去做，除非你会检查。

（二）发现榜样之后，不能只是夸他，还要让他去分享、去帮助其他人进步。

（三）报酬要跟结果挂钩。不按结果给钱，干得好的人会失望，干得不好的人会被惯坏。

（四）要鼓励团队成员出去学习，增长见识，不做井底之蛙。

（五）要打造"有话直说"的氛围，让大家愿说真话、敢说真话。

（六）要让团队的人有足够多的活干，千万不能让大家太闲了，毕竟很多问题真的是闲出来的。

（七）作为老板，你应该坚信：你能帮大家成功，你自己也就成功了。

> 有关团队

有三个字非常重要
——让他上

扫描二维码，关注公众号
输入"团队"，获取神秘锦囊

我 的 践 行 清 单 · notes

社群

如何打造极有商业价值的社群?

为什么你要做社群

通过做社群：

你可以跟用户建立更深的连接，可以更好地影响你的用户。

你可以凝聚更大的力量，在需要的时候，你的社群可以给你提供很强大的支持。

你可以增加收入，只要能给大家提供足够大的价值，足够好的体验，你就能赚到钱。

你可以跟大家碰撞出更多可能性，探索出新的机会。

……

总之，做社群，好处多多，是非常值得考虑的创业方式。

为什么一定要收费

我们要记住一句话:钱在哪里,心就在哪里。

花钱和不花钱,心态是很不一样的。

花了钱,用户会更重视,参与度往往会更高。

没花钱,用户一开始可能会很热情,但这种热情凉起来也挺快的。免费的东西,很难被珍惜。

再就是,作为运营者,如果不收费,你很难坚持下去。

收了钱,你会更负责。

收了钱,你就有运营经费了,可以给用户提供更好的服务。

收了钱,你可以去打广告,吸引更多的人加入你的社群。

为什么要筛选用户

近两年,我们社群采取的是申请加入制,大家要先认真写申请,申请通过了,会进入微信沟通审核环节,通过审核后,才能向我们交费。

为什么要这么做?

(一)确认意愿。

愿意认真写申请的,最起码是意愿较强的人。这样的人,往往更认可我们,而且更知道自己的需求。

(二)了解用户。

充分了解用户,才能更好地服务用户,从而产生好口碑。

(三)减小阻力。

通过审核和沟通,尽可能避免不合适的人进入社群,这样的话,后续运营的阻力就会小很多,省去很多麻烦。

怎样保证高完成率

我们大多数训练营需要打卡,而且打卡完成率都相当高。

拿剽悍行动营来说,截至2019年12月,我们已经运营到第17期了,打卡完成率最高能到98.91%。

22天,每天都要完成指定的任务:要阅读大量的材料,要写文章,还要朗读自己写的文章并录音。

在难度不小的情况下,打卡完成率这么高,我们是怎么做到的?

这里分享五条核心运营经验:

(一)前置筛选。入营的人都是经过筛选的,他们的行动意愿比较强,配合度比较高。

(二)收取押金。我们要收300元押金,22天,每天都必须按要求完成打卡,只要有一天打卡失败,对不起,押金没收。

(三)充分动员。我们培训了大量的运营人员,他们会做好充分的动员工作。

(四)分级运营。我们采取的是分级运营制,各"营""连""排"都有负责人,他们会"盯"着大家,只要发现打卡困难户,就会有人对其进行提醒、鼓励、帮扶。

(五)勋章制度。我们会设置多种勋章,用于奖励各种优秀行为,而勋章的多少,决定了参与者的总体排名。

如何让社群活起来

社群不活跃怎么办？

这是很多社群运营者都会面临的问题。

尤其是做长期社群，往往一开始群里还挺热闹，但时间稍微久一点，说话的人就很少了。

我们也做长期社群，比如剽悍品牌特训营，这个社群的服务周期为一年，虽然时间很长，但从头到尾，活跃度都是相当不错的。

怎么做到的？

我在这里分享四点心得：

（一）收费比较高。这个特训营收费上万。由于交了这么多费用，大家会更重视。

（二）用户能量高。我们筛选很严，拿2019年的剽悍品牌特训营来说，来咨询报名的有2300多人，但我们最终只录取了60多人（不含续费的老用户）。能进这个营的人，能量都是比较高的，因此大家更愿意在里面交朋友。

（三）分享价值高。我会在群里不定期地提供高价值的实战心得；群里每周都会有学委连续分享高价值的内容；一年有四次线下私享会，每次我们都会邀请各领域的顶尖高手给大家做分享。

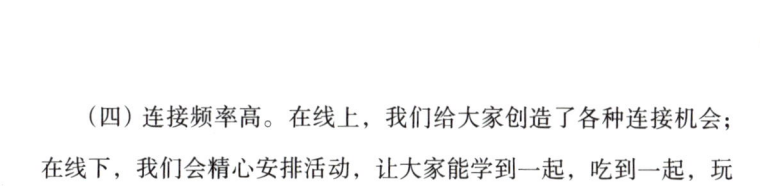

（四）连接频率高。在线上，我们给大家创造了各种连接机会；在线下，我们会精心安排活动，让大家能学到一起，吃到一起，玩到一起，从而产生更多可能性。

如何传播社群文化

成熟的社群,都会有良好的社群文化。

我们不仅需要好好总结自己社群的文化,还要做好传播工作,这样才能让社群文化发挥出足够的价值,让大家更同频,让社群更有凝聚力。

我给你分享五个要点:

(一)新人来的时候,一定要尽快做好社群文化的熏陶工作。

(二)多写几篇能代表社群文化的文章,不断在社群里传播。

(三)提炼总结出一些能代表社群文化的金句,让它们在社群里反复出现。还可以把这些金句做成大家愿意用的表情包,如此一来,它们出现的频率会更高。办线下活动时,也要让现场多出现这些金句。

(四)选出一些符合社群文化的书籍,让大家共读并输出感悟。

(五)让榜样公开讲述自己在社群里的成长故事,这些故事要能体现社群文化。

为什么要有采访官

做社群,不能只是埋头做服务,还要认真对待宣传工作。

采访官是优质社群的标配。

规模大的社群还应该设置采访组,多安排一些采访官。

一旦在社群里发现值得采访的人,你应该赶紧让采访官去采访,并写出高质量的采访稿,然后发布出去。

这样做,被采访者会很有成就感,会更认可你的社群。同时,还可以让其他社群成员更好地向他学习。

此外,这些采访稿是非常好的宣传材料,你可以通过各种渠道将这些稿子发布出去,让更多的人看到。这样做,等于是在给自己的社群打广告,会吸引更多人来参加你的社群。

关于采访,有三点需要特别注意:

(一)要确认被采访者没有什么问题,如果他风评不好,就算有不错的故事,也需要谨慎。

(二)采访的时候需要好好挖掘各种值得写的素材,还要问与社群有关的问题,比如:社群给被采访者带来了什么价值?

不然宣传作用就弱了。

(三)不要只是把采访稿发在公众号、朋友圈和群里,还要发在各大内容平台上。

为何重视线下活动

要想把社群做好,一定要重视线下活动。

为什么这么说?

(一)能增强连接。有句话说得好,线上聊千遍,不如线下见一面。社群成员到线下参加活动,连接效率更高。

(二)更有仪式感。在仪式感方面,线上再怎么做,其效果也是没法跟线下比的。

(三)攒宣传材料。线下活动的照片和视频是非常好的宣传材料,要充分利用起来。

(四)能促进招募。如果你的线下活动是对外开放的,社群外的人也可以报名参加,他们到了现场之后觉得体验特别好,是不是更有可能报名参加你的社群呢?

(五)造共同记忆。线下活动能更好地打造社群成员的共同记忆。可千万别小看共同记忆的作用,它能帮助我们很好地提升社群的凝聚力。

为什么我从不上台

迄今为止,我们社群办过九次线下大会,但我从未上台发言(其实,我连现场都没去过)。

为什么?

(一)人各有志。"普普通通做人,轰轰烈烈干事",这是我追求的活法。

(二)保持清醒。在我们主办的活动里,大家必然会捧着我,而我是有自知之明的,我还年轻,在鲜花和掌声的围绕下,难免会浮躁和骄傲,这对我的成长是很不利的。

(三)长远考虑。我的时间和精力有限,能分享的东西也有限,如果一直是我在讲,对我们社群来说,并不是什么好事情,甚至可以说很危险,万一哪天我不讲了呢?

不断树立榜样,让更多有精彩故事且想分享的人上台,让他们被更多人看到,从而影响更多人,这是更安全、更长久的做法。

(四)更吸引人。成就别人就是成就自己,我本人不上台,而是为大家搭台,给更多人上台机会,这样做,其实会让我们的社群更为独特,更有吸引力。

(五)锻炼团队。这样能更好地提升团队战斗力,即使我不在现场,他们也能把活动办好。他们强了,我就更轻松了。

还有哪些注意事项

（一）如果你想把自己的社群做大做强，一定要注意培养运营队伍。

（二）不要闭门造车，要多参加一些做得好的社群，看看别人是怎么玩的，多向别人学习。

（三）有一句话特别重要：给足成就感，他就是你的人。

（四）如果运营实力不是很强，而且也收不到较多的费用，不太建议做长期社群。

（五）要充分调动社群成员的力量。比如选好班委，让班委承担一部分运营工作。

（六）群规一定要简单易懂，还要反复强调，做到深入人心。

（七）策划社群运营方案的时候，一定要策划几个关键惊喜点。

（八）要特别注意"好好收尾"，因为结束时的体验特别影响用户对社群的评价。

群

有关社群

为大家搭台，
给更多人上台机会

扫描二维码，关注公众号
输入"社群"，获取神秘锦囊

我 的 践 行 清 单 · notes

销售

如何让你的销售能力大幅提升?

什么是销售三原则

关于销售,我有三个原则:

原则一:不要轻易出售自己的服务,除非遇到对的人和对的价格。

如果人不对,就算把服务卖出去了,后续的麻烦事儿也挺多的。

如果价格不对,说明双方没有就服务的价值达成共识,无论哪一方觉得亏了,都不是什么好事儿。

原则二:你不是销售员,你应该是非常懂用户、能帮用户解决问题的专家。

原因很简单:人们更愿意相信专家。

如果别人感觉你只是一名销售人员,你说的很多话都可能会被质疑,因为他可能会觉得你只是为了成交而讲这些话。如果他认为你是一名值得信赖的专家,他会更愿意跟你交流,更有可能购买你的产品。

原则三:要让别人觉得能跟你对话是很赚的事情。

打个比方,你是一名超级畅销书作者,名气很大,也够专业,跟你谈业务的人,觉得能跟你见面聊几句,就赚大了。

这种情况下,你会更有主动权,销售会变得更为简单。

为何强调调研工作

做产品的时候,你要想清楚产品是卖给哪些人的,能解决他们的什么问题,满足他们的什么需求。

要做用户调研,了解他们是不是有足够强烈的需求,是否真的愿意付费。

还要看有没有竞品,竞品有哪些优点和缺点,用户对竞品是怎么评价的。

产品做出来后,不要急着宣传,可以找一些目标用户进行内测,并搜集大家的反馈意见。

如果你不了解用户,仅仅凭自己的揣测去开发产品,产品很可能是不好卖的。

不管你卖什么,请一定要先做好调研工作,充分了解用户的需求与市场的现状。

这样的话,胜算会更大。

你应该有哪些产品

关于这个问题,不同的人有不同的观点,我讲讲我的看法。

我觉得,有五种产品是非常重要的。

(一)引流产品。这个产品的作用是吸引别人来关注你。比如我的年度分享,要么免费,要么收很低的价格,每年都可以吸引很多人来关注我。

(二)入门产品。大家关注你之后,如果你一上来就卖很贵的产品,很多人会被吓跑。

那怎么办呢?你要做入门产品,价格不高,价值不错,让更多目标用户体验你的产品和服务,从而更加了解和信任你。我们的剽悍行动营,就是入门产品,早鸟价999元,正式价1299元。一般情况下,大家都能承受得起。

(三)中端产品。有一部分人体验了入门产品后,会想要更好的产品。还有一部分人,看到入门产品的宣传,觉得不能满足自己的需求,他们需要更好的产品。

怎么办?

你要有中端产品,中端产品比入门产品价格更高,价值更大,利润往往也比入门产品高很多。

我们2019年运营的剽悍牛人进化营,就是中端产品,早鸟价

5000元，正式价7000元。很好地满足了一部分人的需求。

（四）高端产品。总有一小部分人，付费意愿强烈，付费能力也很强，对服务有更高的要求，你可以用高端产品来满足他们。

这一部分用户人数会比较少，但是给你带来的价值却非常大。

我们的剽悍品牌特训营，就是高端产品，收费上万，人数控制在150人以内。别看人少，这群人聚在一起，能量非常大。

（五）超级VIP产品。这是最高端的产品，门槛非常高，用户质量也会特别高，服务水准也是最高的，虽然销量会很有限，但是对你来说却特别重要，因为这代表了你的"江湖地位"。毕竟，把产品卖得特别贵，且持续有人愿意付费，不是一般人能做到的。

我的线下高端课以及咨询，就是属于超级VIP产品，收费至少在6位数。虽然服务的人很少，但很容易出成功案例，对我的品牌升级起了关键作用。

以上，仅供参考。

我是如何学销售的

关于如何学销售,我有三招。

第一招:多看别人的广告。

我会研究高手们是如何打广告的,看他们的广告是怎么打动我的,是如何让我产生购买欲的。

第二招:多接触销售人员。

遇到销售人员,如果觉得这个人销售水平很不错,我会多听听他是怎么讲的,甚至还可能加个微信,看看人家平时是怎么发朋友圈、怎么跟进销售的。

也许你觉得这样做是在占人家便宜,其实并不是,就算不能给他贡献业绩,但我可以给他发红包呀,而且,认识我这么有趣有料的人,对方一点都不亏,哈哈哈哈哈。

第三招:多被别人成交。

我会专门去一些地方体验完整的"被成交"流程,并不断分析别人的做法和自己的心理变化。

这对提升我自己的成交能力,很有帮助。

为何重视用户见证

如果只是你自己说产品很好,这是远远不够的。

别人可能会认为你是"王婆卖瓜,自卖自夸"。

如果有很多用户说你的产品好,宣传效果就会好很多。

我们要多搜集用户评价,还要多挖掘用户与产品的故事。取得用户授权后,我们要把这些用户见证材料"大肆"传播出去,让更多的潜在用户看到。

在这里,我要提醒一点:传播的内容一定要真实,不要乱编。

谎言一旦被揭穿,你会很难堪,而且会失去很多人的信任,得不偿失。

为何别把顾客当爷

很多人在做销售的时候，会把顾客当爷一样供着，用尽一切办法去讨好顾客。顾客说什么就是什么，能迁就的一定迁就，不能迁就的也想办法迁就。

这是很有问题的。

这样做，你很难得到尊重，顾客也很可能会因此而看不起你。而且，一旦顾客习惯于当爷，习惯于提各种条件，你是很难满足他的，你会很累。

你要记住，你和顾客的关系，最起码是平等的。你是去帮助顾客的，如果他买了你的产品，他的问题将得到解决，他的需求将被满足，甚至是被超预期满足。

不仅如此，我们还应该让自己更为强大，让自己有资格去挑顾客。

不要觉得这是妄想，是天方夜谭，实际上很多人已经做到了，而且做得很好。

如果你之前连想都不敢想，那么现在可以想想了，你会发现自己的奋斗动力会更足，哈哈哈哈哈。

为何要重视少数人

我发现一个很有意思的现象：在我们社群里，10%的人对社群所做的贡献，要远大于另外90%的人。

那我们是不是应该对这10%的人更好呢？

是的！

也许你会觉得，对待用户，应该一视同仁。

但我劝你千万不要搞什么平等待遇，对于贡献大的人，你必须对他们更好。

给这些人提供更好的待遇，对你的事业发展会有更大的帮助。

因为，他们往往更认可你，更愿意支持你；他们往往能力更强，更容易成为你的成功案例；他们往往更愿意复购你的产品，更愿意把你的产品推荐给其他人。

为什么要重视渠道

我发现有些平台，每次推出新产品，在还没怎么打广告的情况下，销量就很不错了。

他们是怎么做到的？

答案是，他们的销售渠道建设得很好。

你不要总是想着，只要把产品做好，纯靠自己推广，就能卖很多。

事实上，就算是苹果公司这样的巨无霸，也是要跟渠道商合作的。

你平时可以多留意适合做渠道的人和平台，把渠道体系搭建起来，这样可以让你的生意做得更大。

值得注意的是，用户其实是渠道商的重要来源之一，他们往往更认可你的产品，更懂你的产品，跟他们合作，交流成本会低很多。如果某些用户刚好有做渠道商的意愿和能力，你可以把他们发展为渠道商，大家一起努力，共同致富。

为什么要办宣讲会

无论你的广告打得多么好,始终都会有一部分顾客犹豫不决。

怎么办?

办宣讲会。

线上和线下的宣讲会,可以让顾客更了解你和你的产品,可以打消他们心中的疑虑,从而提高产品销量。

办宣讲会,有三个部分特别重要。

(一)宣讲。

要有专人去给大家介绍产品,时间不要太长,一定要重点讲用户真正关心的内容。

有人可能会有这样的疑问:广告上不是有产品介绍吗,为什么还要讲这些?

事实上,有时候你以为自己写清楚了,但别人就是没看懂,而且很多人是不会认真看广告的。

用户可以省事,但你不能偷懒。

(二)见证。

邀请一部分典型用户,跟大家分享他们与产品的故事,他们的使用心得、收获与改变等。这样做,有助于增强用户对你的信任。

(三) 答疑。

顾客可以针对产品提问，由专人负责回答。

这部分工作做好了，可以打消一部分人心中的疑虑，很好地促进转化。

对了，除了做好上面这些工作，你还得给大家一个参加宣讲会的理由。有一种做法非常值得参考：告诉大家你会在宣讲会中分享高价值干货（主题要提前告知）。这样的话，大家会更愿意来参加宣讲会。而且，分享的内容越好，越容易赢得大家的好感，这对促进转化也很有帮助。

还有哪些注意事项

（一）成交时要热情，成交后要更热情。

（二）不要为了成交而夸大产品的功能和效果，也不要对客户许下兑现不了的承诺，不然后面你会很麻烦。

（三）销售失败没有关系，你要把这当作修炼。面对失败，我们真正需要做的，就是从中学习。

（四）不要看到微商就拉黑。如果别人确实很会卖产品，你为什么不能好好研究他的做法，好好学习呢？

（五）要多想想你的目标用户在哪里。比如，你是从事小学数学辅导的，可以去小学作文培训机构跟人家聊聊，他那里有你的目标用户，你这里也有他的目标用户，为什么不谈谈合作呢？

（六）嘴笨没关系，多练就不笨了。

（七）产品要足够好，你要足够真诚。

有关销售

人们更愿意相信专家

扫描二维码,关注公众号
输入"销售",获取神秘锦囊

我的践行清单·notes

品牌

如何让你的个人品牌越来越贵?

为何要重视差异化

有句话说得好：与其更好，不如不同。

如果你的打法跟同行都差不多，要想在用户心中脱颖而出，难度是很大的。

你需要认真思考自己的差异化优势。

比如，你是一位演讲培训师，在你们当地有很多竞争对手。如果拼知名度，或许有人已经出过几本书，也上过电视台，在这方面比你强太多；如果拼用户满意度，大家都会说自己好评如潮，有的人甚至还会撒谎乱编，反正无从考证。

那怎么办呢？

你可以让自己的定位更细分一些。比如，你可以专做青少年演讲培训，或者企业家演讲培训。细分之后，你在当地的竞争对手一下就少了很多，甚至可能没有竞争对手。

很多时候，我们没有必要去跟别人挤。走差异化路线，成功的**概率会更大**。

我们更应该晒什么

在移动互联网时代,我们要学会好好"晒"。

这个"晒",不是晒太阳,而是展示。

一些人会在社交媒体上晒自己的物质生活。

有人觉得这样做可以展示自己的实力,从而让更多人跟随。

我不否认其作用。但我认为,这样做的坏处也很明显。

大多数人看到你很有钱,过得特别奢华,并不会为你感到高兴,而是会"羡慕嫉妒恨"。请注意这个"恨"字,很可能你晒得越多,积累的"恨"也就越多,多恐怖的一件事啊!

那我们应该晒什么呢?

我们可以晒自己的一些心得体会,晒自己的专业见解,晒自己读过的书。

我们可以晒优质用户。

我们可以晒自己是怎么帮助用户解决问题的。

我们可以晒用户的成长,用户的评价。

晒这些,你的个人品牌会更有吸引力。

我们最应原创什么

在打造个人品牌的路上,我们千万不要活成搬运工。

什么是搬运工?总是搬运、整理别人的东西,而没有自己的原创。

有人可能会说,人类历史发展至今,要原创一个观点,哪怕是一个很奇葩的观点,都是非常难的。

那怎么办?

其实,每个人的经历都是独一无二的,必然也是原创的。

你最有可能也最应该原创的,是你自己的故事。尤其是你不断突破自我,取得优异成绩的故事。

这些故事,很能给你的个人品牌加分。

哪句话让我很受益

有一句话,让我收获极大,彻底改变了我的经营战略。

哪句话?

"高明的教练,会筛选能成的人,让他更成。"

什么意思呢?我举个例子你就明白了。

比如,你是一个品牌顾问,专门帮一些企业提升品牌形象。

如果你不筛选客户,总是去服务一些很容易失败的客户,那么你将不断积累失败案例,你的口碑会越来越差,越做越没人找你,最后你很可能就没饭吃了。

如果你很挑客户,只服务确实很有前途的客户,那么你的成功案例会越来越多。你的口碑会越来越好,找你的人会越来越多。收入也会更高,你会更有资格挑选客户,从而形成良性循环。

不要什么钱都收,不要什么客户都服务。

太多人不懂这个道理,结果在做事情的过程中遇到重重困难。

殊不知,很多困难其实是可以避免的。

是更贵还是更便宜

我们办公室有一幅字,上面写着:我们很贵。

这是为了提醒我们,在做决策的时候,一定要想一个问题:

这样做是让我们的品牌变得更便宜了,还是更贵了?

如果会让我们的品牌变得更便宜,那可不行,必须换方案。

如果会让我们的品牌变得更贵,则可以好好考虑。

具体该怎么理解呢?举两个例子:

(一)

你办一个活动,来的都是你的VIP客户,但是你请的嘉宾都是很一般的,现场的布置很粗糙,你给大家准备的伴手礼也是非常不讲究的,晚宴在一个特别普通的餐厅举办,饭菜味道也不怎么样。

那么,在这些VIP客户心中,你的品牌是变得更贵了,还是更便宜了?

肯定是更便宜了。

(二)

你对客户很挑,你服务的客户都是一些高端人士,有的还是特别知名的人物。你不断提升自己的服务标准,让客户特别满意,让很多同行望尘莫及。

这样做,你的品牌自然会变得更贵。

最想传播哪一句话

我曾经向一些很铁的读者提了一个问题:"你能说出多少个我写过的句子?"

实际情况是,能说出10句以上的读者真的极少。

有的还会张冠李戴,说出一些我并没有写过的句子。

我写了这么多文章,里面有上万个句子,这些很铁的读者,为什么才记住这么点?

我先是有些诧异,然后意识到,这太正常了。

当年李白写了那么多首诗,有几个人能一口气背出五首来?

反正我背不出来这么多。

不要指望大家能记住很多内容,我们在做传播的时候,一定不能贪心,想清楚要重点传播哪句话,并让这句话跟自己的个人品牌强绑定。

最近两年多时间,我就是这么做的。

我一直在微信公众号上传播一句话:让自己变得更好,是解决一切问题的关键。

实际效果是,这句话成了很多人的座右铭,很多人一想起我就会想到这句话,很多人一看到这句话就会想起我。

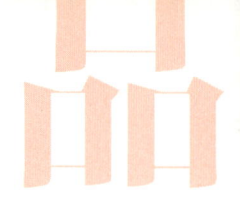

见牛人还有什么用

我一直提倡见牛人,在前面的文章里我也提到了见牛人的诸多好处。

其实,见牛人还能帮助你打造自己的个人品牌。

怎么回事呢?

你去见牛人,如果觉得对方个人品牌做得很不错,你是不是可以学习他的品牌打造之道?

你去见牛人,其实也是在销售你自己,线下面对面交流更容易让牛人了解你,甚至信任你、欣赏你。

如果你确实比较特别,有些牛人还可能会把你的故事写出来,让你被更多人知道。

最近几年,我持续见了很多牛人,其中有不少人把我的故事写进他们的文章里,给我带来了大量读者。

为什么要注册商标

我们一定要注意保护自己的品牌,把该注册的商标都注册了。

不然,一旦做大了,你会遇到很多麻烦。

比如,有一些做自媒体的人,没有及时注册商标,结果名号被别人抢注了,到头来自己还被告侵权。

你说糊涂不糊涂?

注册商标其实很简单,而且并不贵,这事儿,千万不能省。

但凡你觉得以后可能用得上的商标,都要提前注册。

另外,如果你想做好自己的品牌,我建议你去约见一些相关的法律专家,了解自己到底应该做哪些准备,有哪些方面需要注意,避免以后掉坑。

做第一有什么好处

世界第一高峰是?

珠穆朗玛峰。

我相信这个答案你会脱口而出。

那世界第二、第三、第四高峰呢?

可能很多人就不知道了。

有很多知名品牌会请各种赛事的冠军代言。

可是,却很少有品牌会请亚军拍广告。

虽然亚军跟冠军只相差一个名次,但待遇就是会差很多。

看吧,做第一,就是有不可比拟的优势。

做第一,更容易被人记住,更容易成为首选,从而让你的个人品牌变得更值钱。

(注:在后文中,我会专门用一章的篇幅讲"冠军"战略)

还有哪些注意事项

（一）与其讲很多很牛的方法和道理，不如打造出很牛的成功案例，并广而告之。

（二）你不能只追求有多少人知道你、关注你，你更要追求的是有多少人足够信任你。损害信任的事情，我们不能做。

比如，不要信口开河，不要乱许诺。不然，大家会觉得你很不靠谱，不值得信任。

（三）让特别有分量的人说你好，很重要。

（四）做品牌，不仅要重视视觉，还要重视听觉。比如，我经常在微信公众号文章前面插入一首朴树的《平凡之路》，也经常在分享结束时唱莫文蔚的《忽然之间》。很多读者表示，他们在听到这两首歌的时候就会想起我。

> 有关品牌
>
> # 我们很贵

扫描二维码,关注公众号
输入"品牌",获取神秘锦囊

我 的 践 行 清 单 · notes

冠军

如何运用冠军战略吸引好机会?

为什么一定要克制

要想拿第一,我们平时一定要非常克制。

不该花时间和精力做的事情,就别去做。我们要好好积攒力量,等到需要发力的时候,力量才够用。

查理·芒格说:"我能有今天,靠的就是不去追逐平庸的机会。"

有些机会看起来好像不错,但你仔细一研究就会发现,其实很多都是烂机会,对你并没有什么太大的帮助,却需要你投入大量的资源。

如果你总是很容易就被人说服,总是轻易出手,你会浪费很多资源,甚至错过真正的好机会。

我拿过几个平台的第一,每次在"开打"前,我都会问自己三个问题:

(一)这个平台的调性是不是跟我比较搭?比如,我平时主要做学习成长类的内容,跑到一个娱乐性较强的平台搞事情,其实是不搭的。

(二)平台方是不是特别需要我?如果不是特别需要,那么,他们大概率不会给我提供特别大的支持,这样的话,事情就很难快速推进了。

(三)有没有特别强有力的竞争对手?如果平台上面已经挤满

了高手,且不少人的流量还特别大,预算特别足,那么,我很难有胜算。

经过认真分析研究,如果我觉得非常合适,才会选择在这个平台冲第一。

为什么要定高目标

我每次冲第一,都会把目标定得很高——在该平台,我一定要遥遥领先,一骑绝尘。

比如,2016年12月,跟"一块听听"平台合作时,我定的目标是10万人购买我的分享(定下该目标时,该平台的最高纪录是8000多人)。最终,在分享当天,购买人数为6.5万。这场分享到现在都一直有人购买。截至目前,付费人数已突破11万。

比如,2018年9月,跟果壳旗下的"饭团"平台合作时,我定的目标是10万人订阅我的微专栏(定下该目标时,该平台最高纪录不超过5万人)。一个月内,订阅总人数突破12万。

再比如,2018年12月,跟唯库旗下的"有讲"平台合作时,我定的目标是有20万人收听我的分享(定下该目标时,该平台最高纪录不超过10万人)。等到分享开始时,总参与人数已突破17万。

为什么要定高目标呢?

如果目标定低了,我们的努力程度会大打折扣,成绩自然也就上不去。

如果定了高目标,大家会更拼,最后就算没实现原定目标,结果也差不到哪里去。

为何再次提到社群

曾经有朋友问我："为什么你的微信公众号阅读量并不高，却能多次成为第一？"

答案很简单：社群。

一方面，我自己做社群。我们社群里的人都是经过筛选的，用户能量和黏性都比较高，在我需要帮助的时候，很多人会与我并肩作战，很努力地帮我推广。

另一方面，我深度参与了一些社群。这些社群里面有不少人会在关键时刻给我提供极大的帮助。

如果没有来自社群的支持，我的推广力量是很有限的，要想拿第一真的很难。

一群真正团结在一起的人，也许人数上并不占优势，但真正做起事来，其力量要比一群数量很大的"散兵游勇"强得多。

为何要重视排行榜

办活动时，如果有排行榜，大家的参与热情会高很多。

以2018年12月我跟唯库旗下"有讲"平台的合作为例。

我要在这个平台做一场年度分享，目标定得很高——20万人来参加。

当时压力很大，因为我和平台方都没有做出过这样的成绩。

为了实现这一目标，我们认真探讨了具体的方案。

其中有一个办法就是，设置影响力排行榜，按照推广人数的多少来排名（不仅有排名，还会实时显示推广人数），到了截止时间，排名前50的人会获得奖励，且排名越靠前，奖励力度越大。

比如前20名会获得平台颁发的影响力认证证书，第二名能获得价值10万元的微信公众号广告位，第一名能获得价值60万元的课程策划及推广机会。

这样就会刺激很多真正有实力的人参与进来。最后，第一名竟然带来了40000多人，第二名带来了24000多人，就算是排名第50位的，也带来了近400人。

对手很强大怎么办

如果对手很强大，你跟他在同一个赛道比拼，根本就没有胜算，怎么办？

很简单，换赛道。

比如，在某知识付费平台，排名第一的是一位超级大牛，而且第二、第三、第四也都特别厉害，以你现在的实力，确实拼不过。

思来想去，你突然意识到，既然当不了平台总排名第一，那能不能做某个分类的第一呢？

于是，你花了几个小时认真研究整个平台，还真找到了一个分类，上面没有什么强有力的竞争者，而且以你的积累，可以在这个分类里开一门质量非常不错的课。

接下来，你用心策划了一门课，上线之后全力推广，最终成了该分类里遥遥领先的第一。

虽然跟超级大牛有很大差距，但此时，你照样可以说自己是第一，是该平台某个分类的第一。

你看，这样做既避免了跟超级大牛的直接竞争，又拿到了第一，多好。

如何向第一名学习

要想做第一,向各种冠军学习很有必要。

在这个世界上有无数个第一,所以,我们从不缺学习对象。

我们要深入研究同领域的第一(事实上,排在前面的都值得研究),了解别人是怎么做的,为什么会做得这么好,有什么是值得自己学习的。

我们还要大量接触其他领域的各种第一,充分打开自己的视野,让自己的思维更开阔。

比如,我会在大众点评上看各种排行榜。

我会挑一些排名第一的店,去研究他们的店名、产品图片以及用户对他们的评价等内容。

我还会去消费,看看到底好在哪里,有哪些地方是能打动我的。

我有时还会跟工作人员聊天,了解一些具体情况,因此,我结交了多位店长、经理之类的人物,跟他们成为朋友,互相交流学习。

你该有怎样的心态

成为第一之后,你会很高兴。

但你要记住,戒骄戒躁不是一句口号,是必须执行的原则。

对于过去的事情,你应该好好复盘,总结经验,让自己变得更有智慧。然后,尽早从喜悦中走出来,去做你该做的事情。比如,好好积攒力量,为下一次成为第一做准备。

如果别人来捧你,你要明白这是好事,因为你得到了认可。你还要明白这也是坏事,一旦你把它太当回事,沉浸在骄傲和自豪中,你的战斗力会大受影响。

骄兵必败!

骄兵必败!

骄兵必败!

我们要清醒地意识到,成长是没有止境的,不能让过去的成绩把自己绊住,要向前看,朝前走。

如果你真的开始自满了,建议你走出去看看,你会发现,这个世界上比你优秀,还比你更努力的人非常多。

所以,踏踏实实,好好奋斗吧!

为什么要服务头部

也许你现在做得还不错,但市场竞争很激烈,比你强的对手并不少。

怎样才能脱颖而出,让自己的个人品牌更有吸引力呢?

有一个办法很管用。

那就是,服务头部。

我举两个例子。

李海峰老师是目前国内DISC领域的头部人物。2019年11月,他聘请我为增长总顾问,希望我帮助他成为"2019年第四届喜马拉雅123狂欢节"的第一名。经过评估后,我接下了这个项目。后来,各路人马一起努力,一共招募了10000多人,李海峰老师顺利成为总榜第一名。

樊登读书是知识付费领域的头部平台。2019年12月,我成为他们的首席社群顾问,我出的第一个社群商业方案,就给他们带来了几百万元的营收。

这两件事,大大升级了我的影响力,找我的人也越来越多。

上班族应该怎么做

有人可能会觉得,自己只是一个普通上班族,冠军思维跟自己没什么关系。

错了。

如果你能成为工作中的冠军,你将得到更好的机会,获得更多的回报。

比如,你在某个方面是公司里最厉害的,领导遇到这方面的问题,是不是更容易想到你,你是不是会有更多的表现机会?

还有,如果你想在某方面变得很厉害,并且让自己获得很强的背书,你是不是可以想办法加入一个行业的冠军公司?

在这样的冠军公司里,你不仅能成长得很快,还更容易获得外界的认可。

还有哪些注意事项

（一）积攒人品。平时多付出，在关键时刻，你积攒的人品会帮你大忙。

（二）要很敢想。如果你连想都不敢想，你怎么可能做得成？

（三）抢占心智。你不仅要成为第一，你还要想办法让更多人知道你是这方面的第一。

（四）价格第一。有时候，你很难做到综合实力第一，但你可以做价格第一——最贵，这也能帮你更好地脱颖而出。（前提是你提供的价值要高于价格，不能乱喊价。）

（五）成为唯一。在你的圈子里，有些领域竞争非常激烈，而有些领域还没人做，你要是做了，就成了圈子里这个领域的唯一。要知道，唯一，也是第一呀。

有关冠军

在这个世界上有无数个第一，所以，我们从不缺学习对象

扫描二维码，关注公众号
输入"冠军"，获取神秘锦囊

我 的 践 行 清 单 · notes

赚钱

如何有效提高自己的赚钱水平?

你见过多少个富人

要想多赚钱,有一点很重要,那就是多接触在财富上有好结果的人。

多跟富人打交道,观察他们的言行举止,跟他们深入交流,主动被他们影响。接触的富人越多,自己成为富人的可能性越大。

曾经,为了在财富上有所突破,我想办法找到一些富人,专门花了很多时间,跟他们学到一起,玩到一起。

说实话,我真的大开眼界。跟他们在一起,我一点浮躁骄傲的机会都没有,反而变得更谦逊了。毕竟,跟他们比,我还差得远。

除此之外,我还有三大收获:

(一)看到更大的世界后,我赚钱的动力更足了。

(二)学会如何更好地让金钱为自己服务。

(三)更加清楚什么钱好赚,什么钱不好赚。

你为什么要像富人

如果你看起来像一个富人,将会有更多的人愿意跟你打交道,愿意跟你合作,愿意给你机会。

若你还没富,请先让自己像一个富人。

该怎么做?我给你分享三个要点:

(一)你要多读一些著名富人的传记,看他们的访谈视频。

(二)你应该学习富人的思考方式,用富人心态、富人思维武装自己。

(三)你要改变自己的气质,让自己看起来更具"富人气"。气质,是可以通过训练提升的,一开始你可能会不习惯,时间一久,就很自然了。尤其当你接触的富人多了以后,你的气质也会发生很大的变化。

你找到对的人了吗

这里指的是,找到"缺你"的人。

给大家分享一个我的故事。

2019年春天,我去外地参加培训。第一天课程结束后,我请几个同学一起吃晚饭,其中有一个人是某传统行业的老板,在当地开了十几家店。

席间,大家畅所欲言,我也分享了一些观点。

第二天,这位老板找到我说,他昨晚没睡好,脑子里就在想昨天晚饭时我说的话,觉得我很厉害。然后,他请我吃饭,请我唱歌,并找各种机会跟我聊天,还带着团队跟我一起聊。

他表示,我讲的东西对他们非常有用,很有醍醐灌顶的感觉。

其实,我并不觉得自己讲的东西有多么精彩,很多都是我平时经常讲的内容,并没有什么特别之处。

但对他来说,却如获至宝。

分享这个故事,我想说的是,很多时候,不是你的东西不值钱,而是你没找对用户。

如果你是靠讲课或者咨询赚钱的人,你讲的东西到底值不值钱,取决于听你讲话的人缺不缺你讲的东西。

如果不缺,你讲得再好,对方也不会觉得多有价值。

什么能力特别值钱

能把一群高能量的人很好地聚在一起，让大家互相影响，互相连接，共同成长，这是很值钱的能力。

一方面，这个圈子本身就很值钱。

另一方面，这个圈子里还可以有其他的可能。

比如，你是不是可以在里面卖产品？只要东西足够好，刚好大家也需要，是不是有可能促成交易，你是不是就能赚到钱？

比如，你是不是可以在里面销售更贵的圈子？只要价值足够高，总有人会愿意付费。

再比如，如果里面有人有好产品，你是不是可以考虑与他合作，一起赚钱？

关于聚人，有四点非常重要：

（一）你本人要有说服力，要能给大家提供足够的价值。

（二）你要对人员进行认真筛选，如果人不对，会很麻烦。

（三）不管你用什么方式赚钱，都要确保，该方式对别人是有好处的，切莫让人吃亏。

（四）要想办法促进大家的互动，让更多人在里面交到朋友，找到机会。

你做的事离钱近吗

先看两个真实案例。

我有个1996年出生的朋友,大专毕业,之前在北京的一家咖啡店上班,月薪3000元,生活压力非常大。

后来,他进入家教行业,重点做小学数学这个科目,踏踏实实做,不到一年的时间,就成为月入近两万的家教老师。

还有一个朋友,她之前做的是成年人英语口语培训,做了很长时间,并没有太大的突破。思考再三,她回到老家,开始做英语家教,专门帮助中学生提高英语考试分数。

有一次,她在群里说,自从她帮一些学生提了很多分之后,已经出现家长排队交钱的情况了。

有时候,你之所以赚不到钱,很可能是因为你做的事情离钱太远了。

那怎么判断自己所做的事情是否离钱近呢?

很简单,你要看是不是有不少人很需要你的产品和服务,而且很愿意付钱。比如,本文提到的"做家教"就是离钱近的事。

为什么?因为学生很需要,家长也很愿意为此付钱。

资源不够时怎么办

想做事情，但是资源不够怎么办？

你需要想想，谁手上有你需要的资源。

还要想清楚，你能给对方提供什么价值，让他愿意和你合作。

比如，你知道A手上有不少用户（这是非常核心的资源），但是他缺乏运营能力，不知道怎么变现。

刚好你懂运营，而且还有靠谱的团队。你可以去跟A谈，看是否能跟他合作，你帮他运营，大家一起分钱。

如果A同意了，你的资源就齐了，可以好好干一场，顺便赚到一笔钱。

假如你这次做得特别好，你就有了成功案例，还可以吸引更多人跟你谈合作。

很多时候，我们不一定要等自己攒够了资源才开始行动，只要你能找到有资源的人，并洞察别人的需求，提供别人想要的价值，你就可以跟别人谈，若是能合作，资源就到位了。

为什么要成为专家

如果你只是一个特别普通的人,你很难得到机会,你的时间价值也会被低估。

你应该找到一个细分领域,通过学习、实践、分享,努力成为这个领域的专家,这样的话,你将得到更多机会,你的时间也会更值钱。

走专家路线,会让你更容易脱颖而出。

如果你已经有了一定的影响力,但还没有专家身份,也要尽早走专家路线,哪怕以后你不"红"了,只要你能真正帮人解决问题,照样会有人拿着钱来找你,这才是长久之道。

一开始,我只是个稍有影响力的作者,愿意出高价找我的人很少。

后来,我深耕社群领域,并不断升级自己的专家品牌,愿意出高价找我的人多了很多。

待遇差别真的很大。

我们不要挣哪些钱

作为一名顾问,我有六不服务:

(一)把我当救命稻草的人,不服务。这种人容易急功近利,并且会给我带来巨大的压力。

(二)价值观合不来的人,不服务。如果价值观差得太远,大家交流起来会很累,很难愉快地合作。

(三)行动力不强的人,不服务。有些人,从我这里得到建议,表示一定会去做,但过了一段时间,却没有任何动作,也不跟我说明原因。遇到这种情况,我的决策很简单,那就是不再提供服务。行动力跟不上,给再好的点子也是白搭。

(四)出事概率大的项目,不服务。比如,该项目的法律风险没有解决,或者创始人风评不好,就算眼前能做大也不能接。一旦出事,很容易被连累。

(五)成事概率低的项目,不服务。经过调查后,如果我觉得项目很容易失败,我是不会接的。一方面,别人很可能会白花钱;另一方面,还会影响我的口碑。

(六)我服务不了的项目,不服务。有的项目确实很好,但我综合考察后,认为自己确实搞不定,这种情况下,我会直接告诉对方,这事儿,我办不了。有些时候,要是硬着头皮来,很容易把别人的事情办砸,到时候坑人坑己,多不好。

何谓超级赚钱秘密

我直接告诉你答案:

让自己成为一个非常有思想魅力的人。

这是很多高人的超级武器。

如果你是一个思想魅力很足的人,你将更容易吸引很多人,赚钱也会变得简单很多。

那什么是思想魅力呢?

简而言之,就是你所分享的东西(比如你所讲的话,你所写的文章)体现出来的思想,对别人产生的吸引力。

我见过一些作者,相貌并不出众,其他条件也一般,但思想魅力特别足,跟他们聊天,很容易就被他们的言谈征服了,如果他们想要推销什么东西,效果自然比普通人要好很多,赚钱也会更容易。

那我们该怎么提升自己的思想魅力呢?

我觉得有四点特别重要:

(一)多读好书,多见有思想魅力的人。

(二)多写多讲,并寻求反馈,不断改进。

(三)多了解用户,清楚用户的需求。

(四)多打造成功案例,成为有说服力的人。

还有哪些注意事项

（一）不要坑别人，要知道，坑别人就是坑自己。

（二）不要总想着走捷径，但凡太容易赚钱的事，都要小心，尤其是一些拉人头的项目。

你想啊，如果项目真的很好赚钱，别人为什么要拉你入伙？他自己闷声发大财不就行了吗？

（三）基础太差是很难赚到钱的，一定要努力提升自己。

（四）有用户的人，更有话语权，更容易赚钱。

（五）不要总想着自己如何赚钱，如果你能帮别人赚到钱，别人也会愿意给你钱。

（六）要多分享，还要擅长分享，你能让别人接受你的思想，你才更有可能让别人给你付费。

> 有关赚钱

让自己成为一个非常有思想魅力的人

扫描二维码,关注公众号
输入"赚钱",获取神秘锦囊

我 的 践 行 清 单 · notes

写书

如何让写书这件事变得更容易？

为什么要写一本书

从功利的角度上来讲，写书可以获得名，有了名，就更容易获得利。

这一点对于绝大多数人来说是很有吸引力的，包括我在内。

但你以为这就是全部吗？远远不是。

对于我来说：

写书，帮助我更好地梳理了自己，让我更清楚自己想要什么，不想要什么。在写书的过程中，我找到了接下来的发展方向。

写书，确实挺锻炼人的。经过这段时间的磨炼，在写作这件事上，一方面，我写东西的速度快了很多；另一方面，我也比以前更细心了。

写书，让我终于有了一部个人成长教材。之后，我们可以用它来更好地帮助更多人突破自我。

写书，其实也是给我们团队以及部分社群成员做示范。他们是参与者，也是见证者，在这个过程中，他们能学到很多与内容创作有关的经验，更加懂得如何去打磨一部作品。

写书需要哪些积累

如果你想写书,有四个方面的积累非常重要:

(一)最好是有一定的影响力。如果你有了一定的影响力,出版社很可能会主动来找你,这样的话,写书、出书就会变得顺利许多。

(二)你的肚子里一定要有货。你要读得多,学得多,做得多,总结得多。如果你没什么货,写起来会很痛苦,稍微写写可能就写不下去了。

(三)你平时要多写一些文章。练得多,写起来就不会太艰难。如果你之前都没怎么写过东西,那写书对你来说,绝非易事。

(四)对目标读者要足够了解。如果你不清楚自己的目标读者是谁,你很可能会写出一本没什么人看的书。一些经常写作并经常能得到读者反馈的作者,在这方面会更占优势。

为何我会减少输入

我要写的,主要是自己的故事、经验、心得、体会,我要做的事情,其实就是往外掏,不停地往外掏。

我之前写书的时候,特别喜欢翻书,每次都会找好多本书来看,翻多了,脑子里的信息就会很杂,往外掏的效果就很不好。写书的思路也会变来变去,整件事情的推进就成了问题。

这次就不一样了,在密集写书的这段时间里,我大幅减少了输入量,尽量少见人、少翻书。果然,往外掏的效率就高了很多。

为什么要减少讨论

早有初稿,才能早出定稿。

这句话简直就是真理。

之前写书的时候,我犯过一个错误,那就是喜欢跟人讨论。

讨论来讨论去,我的内心就不够坚定了,总觉得这样写可以,那样写也行。

很长一段时间过去了,我却没能拿出几篇真正完整的文章。

这次,我就很少跟人讨论了,无论如何,先想办法尽快把初稿拿出来。

怎样保证不会"堵车"

透露一个小秘密,这本书其实经历了几次"难产"。

我之前也尝试一口气写完,但一直没能如愿,有一个很重要的原因是,我不懂得拆任务。

这一次,我学乖了。

我把这本书的主体部分拆成20章,每一章又被拆成10篇小短文。

总之,就是要写200篇小短文(最终情况是,一共写了220多篇,经筛选后,留下了其中的170篇)。

由于每篇文章的字数比较少,所以,单篇文章的创作难度就会很小,于是我就能写得更快更顺。

只要写,每天10篇是没问题的,多的时候,我甚至可以连续写30篇。

如果不这样拆,我在写书的过程中肯定会遇到重重阻碍。

就像坐车一样,道路通畅的时候,距离远点也不是什么事。

要是遭遇堵车,那就不知道什么时候才能到达目的地了。

为何不要随便操心

有句话特别有道理:专业的事情交给专业的人干。

但我还是在这一点上犯了错误。

为了出这本书,我专门请了策划人,而且还有两位非常专业的编辑在跟我合作。但在写书的过程中,我会操心一些与写稿无关的事情,白白浪费了不少时间和精力。

直到有一天,一位老师点醒了我。

她跟我说了一些话,大意是,我在这些事情上又不在行,操这些心有什么用,为什么不能交给专业的人做?

是啊,我怎么这么笨呢?我现在该做的是把稿子写好,其他事情我不该操心啊。就算是操心了,我又不专业,最终的效果也很难得到保证,所以,我还是别瞎操心了。

想清楚这一点,我如释重负。

好好写稿,先把稿子完成再说。

由谁来监督你写书

在写书的过程中,我也会偶尔想偷个懒。

怎么办呢?

找重要的人监督。

我是这样做的:

每写完一章,我就会在三个非常重要的群里,给大家汇报一声。

这三个群,有一个是我们的核心团队群,有两个是我们的高端用户群,里面的人对我来说很重要,如果我失信于他们,后果将会很严重。

想偷懒的时候,一想到要给大家汇报,我立马就精神了。要是做不到,结果就是"啪啪"打脸,作为大家心目中的"老大",我岂不是会形象扫地?

还是写吧,毕竟,我是个要脸的人。

用这种方式,我克服了惰性,大大提升了自己写书的行动力。

谁能给你提供反馈

做事情，反馈很重要。如果没有反馈，改进将会变得很困难。

这次写书，我设计了这样的反馈机制：

（一）写完一章后，我会立马将该章的10篇短文发给两个非常要好的朋友。

这两个人非常关键，我知道他们会认真看，看完后会及时给我反馈。

（二）我会将一部分内容拿出去展示。我会在讲课时用到本书的部分内容，也会把某些内容发到几个高质量的群里。通过这两种方式，我又能获得一些反馈。

（三）初稿完成后，我会把它发给策划人、编辑、团队成员，还有其他几个好朋友。他们也会给我反馈。

（四）很重要的一点，就是我自己会看很多遍。有很多问题，开始写的时候并没有注意到，之后再看，就能发现它们了。

你写书的时候，也要注意设计反馈机制，这对书稿的完成和完善，很有帮助。

我拿什么刺激自己

我是用下面这些话刺激自己写书的：

- 完美主义，往往是懒惰者的借口。
- 初稿都拿不出来，你还想写畅销书？
- 别人都出好几本了，你还在等什么？
- 你不是想出很多本书吗？先把这本出了才会有下一本。
- 写书是对一个阶段的总结，别想太多，好好总结就行。
- 如果你自己不写书，就永远只能推别人的书。
- 你自己出了书，才能更好地劝别人出书。
- 你这么有智慧，不出本书，真是浪费了。
- 出书是打造个人品牌的标配，不然你总会觉得少了点什么。
- 你都三十多岁了！
- 这本书一定会卖得很好，会影响很多人。
- 写书很累，不写完，你的心会一直累，快写吧！

还有哪些注意事项

（一）写完初稿后，一定要打印出来，这样更容易发现问题，校对效果会更好。

（二）不要以为写书就得长篇大论，写很多很多，如果你不想写厚的书，写本薄一点的，也挺好。

（三）千万不能想着一次就过稿。不然，你会很失望的。

（四）内容很重要，书名也很重要，都不能敷衍。

（五）保留最有必要写的主题，那些可写可不写的，最好还是不写了。

（六）如果你容易放弃，那就想办法让自己别放弃，比如，像我一样，设置监督机制，让一大群非常重要的人监督自己。

> 有关写书

早有初稿，
才能早出定稿

扫描二维码，关注公众号
输入"写书"，获取神秘锦囊

我 的 践 行 清 单 · notes

终极

终极

财富与影响力升级的十大心法

保持渴望

我渴望成大事，而且是持续渴望。

有人问，这种渴望是怎么来的？

我认真思考过这个问题。

来源有二：

一是受家庭影响。我比较幸运，虽然出身于山区农村，但家里人一直鼓励我读书，鼓励我走出去，并且持续寄予厚望。受此影响，我一直不甘平庸，渴望自己能出人头地。

二是受牛人影响。一方面，我读了很多牛人的故事，这些故事对我的激励作用非常大；另一方面，我走出大山，到大城市求学、做事，打开了眼界，加上这几年我见了很多牛人，见识到了很多令我特别羡慕的可能性。久而久之，我的"突破欲"越来越强，更加无法接受平庸的活法。

对成大事的持续渴望，让我不断前行，不断突破自己。

无论你处于什么样的环境，无论你状态怎么样，如果你不想一生平庸，请一定要守护好你的渴望，它是极为宝贵的资源。

舍得投资

我家里的经济条件很差。

23岁以前,我从未进过电影院,也没吃过肯德基、麦当劳。

一直到24岁,我才拥有人生的第一台电脑。

虽然穷了很多年,但好在通过家庭教育和大量的读书学习,我深刻意识到"舍得投资"的重要性。

如果我不舍得投资,很多优质的学习资源与我无关;如果我不舍得投资,别人不愿意跟我玩,不愿意给我机会。

所以,我坚定地选择成为一个舍得投资的人。在我能承受的范围内,尽可能多地投资自己的大脑和交情。

这一点对我的帮助特别大,一方面,我能比一般人学得更好;另一方面,我比一般人更能交到优质的朋友,更能遇到贵人。

常被碾压

我有一个习惯，就是经常去找能在某方面碾压我的人，跟他交流，感受差距，向他学习。

可能你会觉得，被人碾压是一件令自己很不爽的事情。

但那又怎么样呢？如果你想要持续高效地成长，你就必须不断走出舒适区。

每当我因被碾压而感到不爽或不适应的时候，我就会提醒自己：今天遇到的这个人很厉害，进步的机会又来了，我真幸运！

可能你很喜欢碾压别人，于是一直跟不如自己的人打交道。但你有没有想过，被你碾压的人能教你多少东西？

如果你自我感觉很良好，觉得别人都不如你，那么，你要小心了。若不想走下坡路，请减少碾压别人的次数，增加被碾压的次数，而且还要乐此不疲，这样做，你的进步速度会快很多。

边学边帮

要想学得更好,发展得更快,我们不仅要不断"向上学"——向厉害的人学习,还要不断"向下帮"——帮助需要我们的人。

为帮助大家更好地理解"向上学,向下帮",我简单举个例子(真实案例改编)。

小林是一名写作高手,他在2018年做了三件事:

(一)花20000元参加了一个特别优质的社群。在社群里,他接触到很多优质的学习资源,还结交到十几位学习成长领域的大咖,跟他们成为好朋友。

(二)花5000元,进入5个收费为1000元的社群。他在里面不断给大家分享自己的经验心得,帮助大家解决问题,成了这几个社群里颇有影响力的人物,很多人表示特别想要跟他学习。

(三)后来,他自己做了一个写作成长社群,收费为2000元。上文提到的那十几位大咖朋友都受邀成为这个社群的分享嘉宾,并且他们还免费帮小林发广告,共帮他招募了100人。另外,他加入的那5个收费1000元的社群里,有100人付费参加了他的社群。

小林非常厚道,积极回馈帮助过他的人,并且对社群成员非常好,大家纷纷表示特别满意。

也就是说,小林通过参加6个社群,践行"向上学,向下帮",

一次就赚到了40万元,还收获了好口碑。

我这几年持续见牛人,一直在研究牛人们的进步之道,发现很多牛人就是"向上学,向下帮"的典范,他们用这种方式取得了非常好的成绩。

向上学,升级自己,积累势能。

向下帮,以教为学,吸引用户。

看懂了,价值极大。

扛起责任

现在的我，确实要比以前更有自控力。

促成我改变的重要因素之一，就是责任。

我是带团队的人，有些事情，如果我自控力不行，不带头做好，怎么能服众？我怎么能更好地带着大家成长？

我是做社群的人，老铁们给我付了费，我就得想办法给大家提供足够的价值。这让我在有些方面不得不更有自控力，比如，得有良好的输入输出习惯，不然我就没法给大家好好地交付已经承诺的各种分享。

我是顾问，我要对我的客户负责，要是结果不好，不但对客户没法交代，还会损害我的名声。

我还要对房东负责，毕竟租了他的房子，我得按时交房租啊，哈哈哈哈哈。

想想，责任还真不少。

有了责任，就不能活得太任性，尤其是在责任比较重的情况下，让自己更有自控力，是绝佳的选择，否则，你就没有办法好好地负责。

学会挑选

有人结婚草率,没有好好挑选对象就成家了,结果婚后发现找错了人,生活一团糟。

有人交友随便,很容易就跟人掏心掏肺,动不动就跟人合作,结果,经常被人坑,常常感叹"命犯小人"。

有人见钱就收,什么活都接,什么客户都服务,结果,口碑越来越差,生意越来越不好。

其实,很多不好的情况是可以避免的。

学会挑选,很多事情就会变得简单。

关于挑选,给大家分享一条我一直在践行的生意经:

挑选出成功率高的用户,紧盯他们,把大量时间和精力用在他们身上,打造出成功案例,宣传出去,吸引更多成功率高的用户。

通过践行上面这条生意经,剽悍江湖社群的美誉度大幅提升,越来越多高能量的人加入我们,给我们带来了很多惊喜。

强烈推荐你也这么做,因为效果实在是太好了。

往长远看

做事总是往长远看,能得到更大的好处。

拿我们社群的退群机制来举个例子。

我们曾在社群里发布过这样的信息:"咱们社群已经运营一段时间了,如果觉得这里不适合自己,你可以找运营人员办理退费,不需要说明任何理由。另外,请留下你的地址,我们给你准备了一份小礼物,还请笑纳。不退的,没有礼物哦。"

不光退费,还要送礼物,有人可能觉得我们疯了,这么做不亏才怪。

从短期来看,似乎是这样的。

但从长远来看,我们不但没亏,还赚了。

你想啊,如果我们提供的服务跟用户的需求不匹配,还收他的钱,并让他忍受一段时间的这种不匹配,他会多难受啊,你怎能期待他会给你传播好口碑?

但我们提出了无条件退款,而且还送小礼物,他们会觉得我们很有诚意,还很可能帮我们传播好口碑,介绍新用户。

另外,留下来的这些"给礼物也不退的人",是真正认可我们的用户,非常宝贵,我们也会更加珍惜。

带着这种珍惜去服务这些宝贵的用户,我们做起事来会更带劲,更容易获得正向反馈,也更容易有好口碑。

　　这种短期的"亏",从长远来看,其实是赚大了。

写你所做

有一些作者特别有魅力。

他们文采并没有多好,也不怎么蹭热点,写的很多东西是他们自己的践行故事和践行心得。

他们自己是践行者,同时,也在用文字影响别人。虽然文章阅读量不一定有多高,但他们一旦推出什么产品(比如课程),转化率会非常惊人。

因为读者知道,这样的作者是言行合一的,是非常值得信任的。

如果你也写作,并且想让自己成为一个更有竞争力的作者,那么,写你所做,是一条非常值得走的"捷径"。

这不仅可以让你的文字更有说服力,还能倒逼着自己去行动,去做出成绩。

若真的坚持这样做,你的进步速度会很快,你会成为作者中的"少数人",你将能吸引越来越多的铁杆读者。

赚钱,只是顺便的事。

日拱一卒

三年前,我开始每日反省,这个习惯帮我大幅减少了混日子的时间。

最近两年,我每天都会给至少一个人提供价值,因此,愿意帮助我的人越来越多。

从2019年3月开始,我每天做100个俯卧撑,现在,我的身材比以前壮了不少。

我之所以选择这种"日拱一卒"的活法,是因为我知道自己在许多方面的条件很一般,如果不这样做,我很难有胜算。

我坚信,就算底子不如人,只要保持每日精进,总有一天我会脱颖而出。

如果你也希望自己能成为一个厉害的人,不妨找一件值得坚持的小事,每天都做。

不用管什么结果,因为结果会随时间的积累而显现。

终极秘诀

财富与影响力升级的终极秘诀是什么？

我找到了八个字：甘为人梯，近我者富。

甘为人梯：把自己当梯子，总是帮他人上去。

近我者富：不断打造成功案例，让靠近自己的人变得更好。

通过践行终极秘诀，截至目前：

（一）我们帮助近200位榜样人物登上极致践行者大会、社群商业牛人大会的舞台。

（二）我们的微信公众号矩阵累计发布了数百篇社群榜样人物专访以及成长记录。

（三）上百位高能量人士、数十个知名平台主动联系我，希望我能跟他们合作。

毫不夸张地说，做好这八个字，你的魅力将远超绝大多数人，很多优秀的人会主动找你，财富自然来，影响力自然有。

附部分成事案例：

@李海峰－畅销书作者、知名社群创始人－广州（70后）

我的《DISC人际关系训练营》在2019年第四届喜马拉雅123狂欢节上线。在明确了冲第一的目标之后，我第一时间聘请猫叔做增长总顾问。他的指导对训练营的增长起到了非常关键的助力作用。最后，这个训练营成为喜马拉雅总畅销榜第一名。感谢猫叔。

@蒋耶娄－资深知识付费产品经理－上海（80后）

猫叔是我认识的人里面，极有商业智慧且极致利他的一个人。

我一直在互联网大厂如喜马拉雅、网易、阿里巴巴工作，2019年在猫叔的指导下，做了自己的第一场线下闭门会，不到三天，付费人数超过150人。来参加闭门会的人能量极强，有各大知名平台的知识付费板块负责人，还有各行各业的优质内容生产方。

这次闭门会，对我，以及对于整个行业而言都是一个标志性事件。

@一稼－畅销书作者、哈佛MBA－旧金山（80后）

我坐标旧金山，曾经对于国内社群运营一窍不通，是猫叔大幅缩短了我的学习路径，从零开始教会了我社群运营的精髓，协助我打造了口碑爆棚的高水准女性成长社群矩阵。在没有花钱投广告的情况下，我创业4个月，就有了百万收入。

@焱公子－爆款内容营销顾问－昆明（80后）

我印象中的猫叔极度擅长创建"能量场"，让同频的人身处其中，彼此赋能，持续进阶。

加入猫叔的社群后，我的人生也开了挂。从一个职业写作者，迅速转变身份，开办自己的训练营，布局自媒体内容营销沙盘。短短半年，便赚到百万。

@奕晴－社群运营官－上海（90后）

猫叔说："很多时候不是你不能，而是你不知道。"因为读猫叔的文字，加入猫叔的社群，我从一个身处人生低谷不知未来要何去何从的待业女青年，逐步成长为社群首席运营官、团队联席CEO，和上千人一起"见识、行动、改变"。

@梁明月－国际注册营养师－西安（80后）

跟猫叔学习后，我有三点改变：

1. 认知的改变：认知得到快速升级。
2. 圈子的改变：认识了很多高手，我们互相学习，互相帮助，共同成长。
3. 创业的改变：从线下顺利转到线上，实现年入百万。

@水清亦有鱼－文案高手－扬州（90后）

感谢猫叔两年来的指导，让我从一个普通职场人晋级为创业公司老板，开始学着管人，学着管钱。我开办的写作训练营，付费用户累计有1300多人；我签了2本书；全网粉丝增长数十万；我的收入获得了20倍增长。

@班班－演讲达人－深圳（80后）

这一年顶得上我过去的十年，而这一切的一切都源于猫叔的带领和指导。

截至目前,我做到了:
1. 开办9期学习训练营;
2. 操盘了8000人次参与的线上社群;
3. 参加了4次极致践行者大会并登台演讲;
4. 成为"有讲"影响力排行榜冠军。

@朵娘－资深写作者、采访人－深圳(80后)
遇到猫叔后,我的人生发生了翻天覆地的变化。我采访了近两百人,见识了近两百种不一样的活法,也因此影响了很多老铁。截至目前,我已经出了两本书,真正实现了用梦想养活自己。

@李赛男－主持人、讲书人－深圳(80后)
在猫叔的直接指导下,我开办了自己的读书会,在差不多一个月的时间里,我赚到了50万。

@邻三月－知名社群创始人－上海(80后)
猫叔是一位非常有商业智慧的教练。在他的指导和助攻下,我开了一场收费上万的线下闭门会,来的上百人里,大部分都是各个行业的佼佼者。这次闭门会的用户满意度非常高,成为了我们公司重要的里程碑事件。

有关终极

甘为人梯，
近我者富

扫描二维码，关注公众号
输入"**终极**"，获取神秘锦囊

我 的 践 行 清 单 · notes

后记

终于写到这里了。

最后的最后,我想和你分享我经常对自己说的十二句话:

(一)你是干大事的人。

(二)你的时间就是你的命。

(三)绝不忍受低质量的社交,想尽办法多与高人对谈。

(四)遇到好书,至少读十遍。

(五)普普通通做人,轰轰烈烈干事。

(六)远离鲜花和掌声,但你要多送花,多鼓掌。

(七)重要的不是有多少人关注你,而是有多少人了解你、信任你、需要你。

(八)利他是最好的利己,帮别人赚到,你也会赚到。

(九)真正的成功,是找到自己想要的活法,并有能力去捍卫它。

(十)被重视、被鼓励、被夸奖、被理解、被支持、被需要,是你的刚需,也是别人的刚需。

(十一)极致践行,自能脱颖而出。

(十二)让自己变得更好,是解决一切问题的关键。

共勉。

扫码关注微信公众号"剽悍一只猫"。

回复"一万",即可获得全书精华PPT(花费一万元请高手特别制作)
回复"书单",即可获得我的个人升级必读书单
回复"破局",即可获得我的电子书《千里挑一:身价十倍增长法则》

感谢所有信任和支持我的人

有你们真好

图书在版编目（CIP）数据

一年顶十年 / 剽悍一只猫著. — 北京：北京联合出版公司, 2020.1（2025.11重印）
ISBN 978-7-5596-3661-4

Ⅰ.①—… Ⅱ.①剽… Ⅲ.①成功心理—通俗读物 Ⅳ.①B848.4-49

中国版本图书馆CIP数据核字(2019)第281329号

一年顶十年

作　　者：剽悍一只猫
责任编辑：李　红　徐　樟
选题策划：侯梦婷
内文排版：刘珍珍

北京联合出版公司出版
（北京市西城区德外大街83号楼9层　100088）
河北鹏润印刷有限公司印刷　新华书店经销
字数163千字　880毫米×1230毫米　1/32　印张8.5
2020年1月第1版　2025年11月第17次印刷
ISBN 978-7-5596-3661-4
定价：48.00元

版权所有，侵权必究
未经书面许可，不得以任何方式转载、复制、翻印本书部分或全部内容